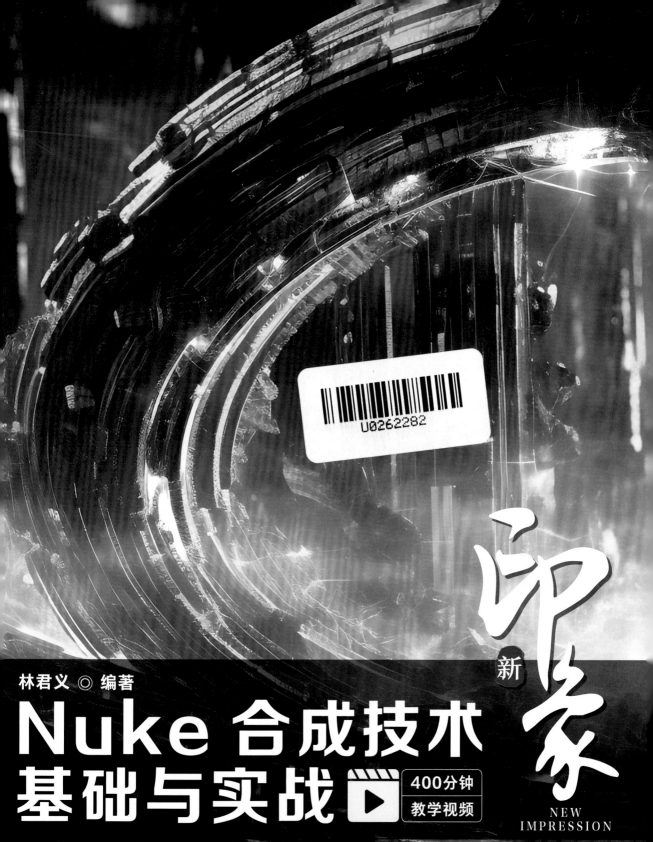

U0262282

林君义 ◎ 编著

Nuke 合成技术
基础与实战

▶ 400分钟
教学视频

新印象

NEW
IMPRESSION

人民邮电出版社
北京

图书在版编目（CIP）数据

新印象Nuke合成技术基础与实战 / 林君义编著. --
北京：人民邮电出版社，2023.7（2024.7重印）
ISBN 978-7-115-61393-6

Ⅰ．①新… Ⅱ．①林… Ⅲ．①图像处理软件 Ⅳ.
①TP391.413

中国国家版本馆CIP数据核字(2023)第052362号

内 容 提 要

这是一本 Nuke 特效合成技术教程。全书以原理思路分析和案例操作讲解的形式介绍特效合成中需要掌握的软件知识和操作技巧。

全书共 8 章。第 1 章主要介绍 Nuke 的基础操作，第 2 章介绍 Nuke 的项目制作流程，第 3～8 章分别介绍核心节点、光效合成技术、颜色匹配、运动跟踪与 CG 合成、Roto 技术与擦除技术、抠像技术与高级跟踪。

本书的重点是合成思路和原理的讲解，力求让读者清楚每一个步骤的思考和推理过程，掌握判断并找到合适参数的技巧。除此之外，本书整理了大量的"合成技巧公式"，让抽象的画面艺术通过理性的固定步骤得以展示。书中的"技巧提示"和"技术专题"可以帮助读者拓展思路，让读者理解制作过程中的操作逻辑。另外，本书提供所有案例的工程文件和在线教学视频，以及"常用节点归纳总结"和"合成拓展技术"电子书，获取方式请查阅"资源与支持"页面。

本书适合有一定特效合成基础的读者学习，也适合作为院校影视相关专业的教材。

◆ 编　著　林君义
责任编辑　张丹丹
责任印制　马振武

◆ 人民邮电出版社出版发行　　北京市丰台区成寿寺路 11 号
邮编　100164　　电子邮件　315@ptpress.com.cn
网址　https://www.ptpress.com.cn
北京宝隆世纪印刷有限公司印刷

◆ 开本：787×1092　1/16
印张：12.5　　　　　　　　2023 年 7 月第 1 版
字数：390 千字　　　　　　2024 年 7 月北京第 2 次印刷

定价：119.90 元

读者服务热线：(010)81055410　印装质量热线：(010)81055316
反盗版热线：(010)81055315
广告经营许可证：京东市监广登字 20170147 号

前言

关于本书

Nuke能做什么？相对于After Effects，Nuke的优势是什么？读者可以简单地将Nuke理解为高配版的After Effects，Nuke可以把效果处理得更细腻、更真实。相对于After Effects的图层式操作，Nuke的节点式操作让工作思路更清晰，调节起来也更灵活。特效制作需要多个环节的配合，Nuke在整个制作流程中能做的工作是相当多的，我们看到的很多电影、剧集、动画都是使用Nuke合成的。

学习合成的目的并不是制作出非常酷炫的效果，而是掌握合成技术的操作逻辑和制作流程，因为效果是由素材决定的，这是很好解决的，操作逻辑和制作流程才是"硬实力"，这也是本书的重点。本书的内容都需要使用素材进行操作，以"练"为主，请读者一定要"动起手来"。

本书内容

本书共8章，为了方便读者学习，本书所有案例均有相应的教学视频。

第1章：Nuke的基础操作。本章介绍基本合成思路和核心工具的基本使用方法。

第2章：Nuke的项目制作流程。本章介绍使用Nuke进行合成工作的规范和流程。

第3章：核心节点研究。本章介绍核心节点的原理和参数，其他常用节点的使用方法和原理都与核心节点相似，为后续的知识扩展打下基础。

第4章：光效合成技术特训。本章介绍如何通过基础节点完成相对复杂的光效合成，主要目的是帮助读者厘清合成的操作逻辑和制作流程。

第5章：颜色匹配。本章介绍合成工作中的颜色处理技术，匹配颜色和调节颜色是合成中常用的操作。

第6章：运动跟踪与CG合成。本章介绍跟踪技术和CG合成的相关技术，跟踪技术是合成中的重要技术，请务必掌握。

第7章：Roto技术与擦除技术。本章介绍Nuke合成的重要技术——Roto技术与擦除技术，对于这两项技术，掌握好其规范和操作技巧非常重要，可以大幅度提高工作效率。

第8章：抠像技术与高级跟踪。本章介绍合成技术中的重要技术——抠像技术，还介绍详细的抠像流程，涉及"判断→初调→修正→判断→定稿"操作思路。此外，本章还将扩展介绍高级跟踪技术。

作者感言

很荣幸能与人民邮电出版社"数艺设"合作，将我多年的合成经验以图书的形式分享出来。我个人从事过多年的线上和线下合成教学工作，擅长讲解软件原理、合成原理、操作思路和技巧。为了编写本书，我准备了很多材料，根据工作经验筛选知识点，尽可能地还原推理过程，帮助读者从原理上学习合成，希望本书能让大家更科学地学习Nuke。因为篇幅有限，学习资源中额外分享了一些合成知识，希望对读者有帮助。

导读

1.版式说明

技巧提示： 讲解过程中配有大量的技术性提示，帮助读者快速提升操作水平，掌握便捷的操作技巧。

重点步骤提炼： 提取重要步骤并标注，帮助读者掌握制作流程。

详细步骤： 图文结合的步骤介绍，让读者清晰地掌握制作过程和制作细节。

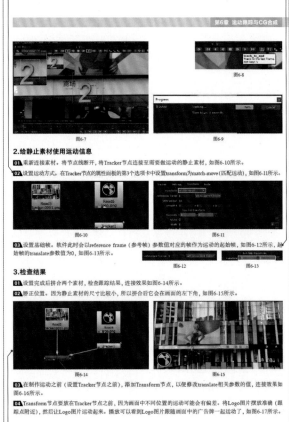

技术专题： 笔者根据多年的实际工作经验，总结出来的实用的合成技术，帮助读者拓宽知识面。

节点局部展示： 节点的连接是Nuke的重点，为了方便读者学习，本书对它们进行了特别展示。

2.阅读说明与学习建议

　　在阅读过程中看到的"单击""双击"，意为单击、双击鼠标左键。

　　在阅读过程中看到的"按快捷键Ctrl+C"等内容，意为同时按下键盘上的Ctrl键和C键。

　　在阅读过程中看到的"拖曳"，意为按住鼠标左键并拖动鼠标。

　　在阅读过程中看到的界面被拆分并拼接的情况，是排版需要，不会影响学习和操作。

　　在学完某项内容后，建议读者找一些素材，检验知识的掌握程度。

资源与支持

本书由"数艺设"出品，"数艺设"社区平台（www.shuyishe.com）为您提供后续服务。

配套资源

工程文件：全书所有案例的素材文件和最终完成文件
视频教程：全书所有案例的教学视频
电子书：常用节点归纳总结.pdf、合成拓展技术.pdf

资源获取请扫码

（提示：微信扫描二维码关注公众号后，输入51页左下角的5位数字，获得资源获取帮助。）

"数艺设"社区平台，为艺术设计从业者提供专业的教育产品。

与我们联系

我们的联系邮箱是 szys@ptpress.com.cn。如果您对本书有任何疑问或建议，请您发邮件给我们，并请在邮件标题中注明本书书名及ISBN，以便我们更高效地做出反馈。

如果您有兴趣出版图书、录制教学课程，或者参与技术审校等工作，可以发邮件给我们。如果学校、培训机构或企业想批量购买本书或"数艺设"出版的其他图书，也可以发邮件联系我们。

关于"数艺设"

人民邮电出版社有限公司旗下品牌"数艺设"，专注于专业艺术设计类图书出版，为艺术设计从业者提供专业的图书、视频电子书、课程等教育产品。出版领域涉及平面、三维、影视、摄影与后期等数字艺术门类、字体设计、品牌设计、色彩设计等设计理论与应用门类、UI设计、电商设计、新媒体设计、游戏设计、交互设计、原型设计等互联网设计门类，环艺设计手绘、插画设计手绘、工业设计手绘等设计手绘门类。更多服务请访问"数艺设"社区平台www.shuyishe.com。我们将提供及时、准确、专业的学习服务。

目录

第 1 章
Nuke的基础操作

本章将介绍Nuke的基础操作，带领读者快速掌握Nuke的界面操作、画面的处理方法、节点的基本操作、工程思路、变换操作、核心原理、多素材合成，以及分离前景和背景等基础知识，为后续学习合成打下扎实的基础。

1.1 使用Nuke制作简单的合成

下面通过制作一个简单的合成来认识Nuke的界面组成和基础操作。

1.1.1 界面组成

Nuke的主界面主要分为三大块，分别为Viewer（视图）窗口、Properties（属性）面板和Node Graph（节点图）面板，如图1-1所示。

图1-1

◇ **视图窗口**：用于预览当前画面，实时查看调节效果。

◇ **属性面板**：用于调节各项参数。

◇ **节点图面板**：制作过程中主要的操作区域。

1.1.2 简单合成

合成的核心工作就是把不同的素材拼合在一起。下面通过一个简单的合成案例来快速了解合成的核心工作。

原始材料（原始素材）是两张图片，如图1-2和图1-3所示，需要做的是把两张图片叠加在一起，一张作为背景（BG），另一张作为前景（FG），效果如图1-4所示。

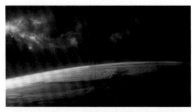

图1-2   图1-3   图1-4

1.1.3 合成的4个基础步骤

合成的4个基础步骤依次为导入素材、显示素材、拼合素材和显示结果。

1.导入素材

每次制作前都要先将素材导入软件中，常用的方法是直接将文件夹中的素材文件拖曳至节点图面板中，如图1-5所示。

2.显示素材

导入素材后视图窗口中还没有画面，需要借助节点图面板中默认的Viewer（显示）节点将内容显示出来，如图1-6所示。

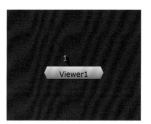

操作方法

图1-5

图1-6

单击Viewer节点的线段上端，将其拖曳至素材底部。制作过程中想查看哪一张图片，就把Viewer节点的输入线连接到哪张图片的下面，如图1-7所示。

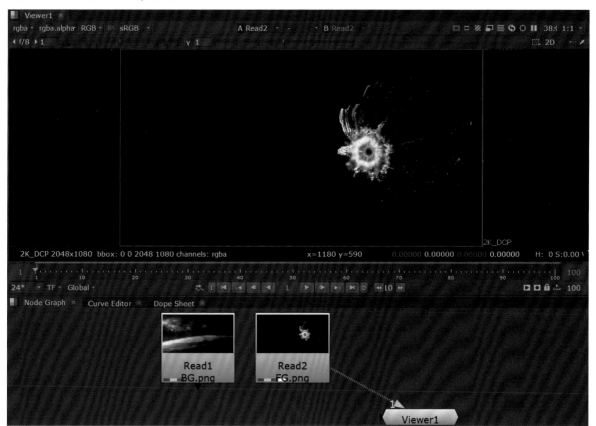

图1-7

3.拼合素材

现在只能在视图窗口中看到其中一张图片，那么如何才能将两张图片叠加，拼合成一个完整的画面呢？这就需要进行基础的合成操作了，其中Merge（拼合）节点是合成操作中常用的核心节点。

创建方法

在节点图面板中的空白位置单击，然后按M键，单击处会自动创建一个Merge节点，如图1-8所示。

> **技巧提示** 使用快捷键时请务必让输入法处于英文输入状态。

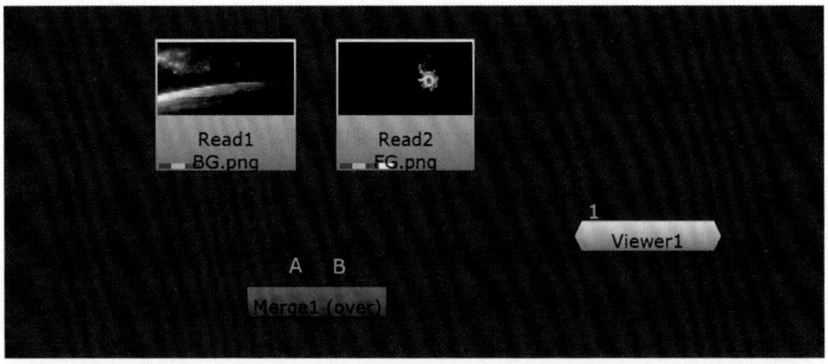

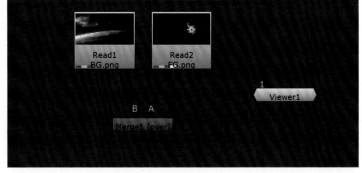

图1-8

操作方法

Merge节点上方有两条线段，可以分别连接一张图片，输入线A连接飞船图片（前景），输入线B连接星空图片（背景），如图1-9所示，这样就把两张图片拼合在一起了。

> **技巧提示** Merge节点的原理是让输入线A连接的素材盖在输入线B连接的素材上，注意遮挡关系，不要混淆了。

图1-9

4.显示结果

通常来说，目前视图窗口中是没有变化的，因为Viewer节点的线还连接在原始图片上。想查看制作结果，需要把Viewer节点连接到Merge节点上，这样视图窗口中才能显示当前拼合结果，也就是用Merge节点处理之后的效果。

操作方法

断开连接： 按住Viewer节点的线段上端，拉开一段距离后，松开鼠标左键。

重新连接： 按住Viewer节点的线段上端，将其拖曳至Merge节点上，松开鼠标左键后会自动连接。

拖曳线段时可拖曳的位置示意如图1-10所示。

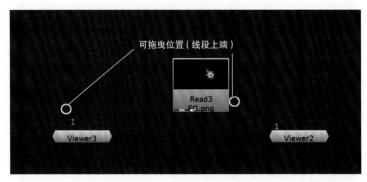

图1-10

这样就完成了一个简单且最核心的合成操作，之后所有的复杂操作都将基于这个部分进行拓展，完成后的效果如图1-11所示。

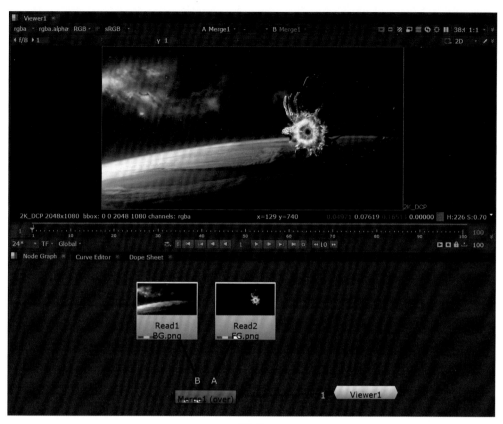

图1-11

1.1.4 界面控制

视图窗口：进行操作时鼠标指针需要放在视图窗口中，滚动鼠标滚轮可以缩放画面，按住鼠标滚轮可以拖曳画面，重置画面大小的快捷键为F键或H键。

节点图面板：进行操作时鼠标指针需要放在节点图面板中，滚动鼠标滚轮可以调节节点大小，按住鼠标滚轮可以拖曳界面，重置节点大小的快捷键为F键。

1.2 调节画面的方式

本节主要介绍调节画面的方式。

1.2.1 节点概念

请读者记住一句话：在Nuke中需要实现什么需求，就去找对应的工具。在节点图面板中，每个标签都是一个工具，即节点。

举例说明

要预览画面的当前效果，就需要用Viewer节点连接当前工程末端的节点；要拼合两张图片，就需要创建一个拼合节点，即Merge节点。

总之，合理运用不同功能的节点，可以实现不同的需求，得到想要的画面效果。

在软件学习阶段，需要先了解Nuke中有哪些常用的节点，然后在制作中根据需求创建对应功能的节点。注意，软件中的节点不需要全部学习，合成工作中常用的节点大概有30个。

1.2.2 制作思路

合成的核心工作就是拼合素材，前面已经完成了"拼"的工作，下面介绍一下"合"的工作。"合"就是在拼接素材之后为了让画面融合得更自然、更好看所进行的一些调整工作。

合成中基本的调整工作就是颜色调节。将之前的思路原理变成一个公式，每次制作时套用一下，这样思路会更清晰，学习起来更容易。注意关键词，思考需求是什么。例如需求是对画面进行调色，所以需要找到一个调色工具。

操作方法

在节点图面板中的空白位置单击，选择一个出生点，然后按G键，创建Grade（调色）节点，如图1-12所示。

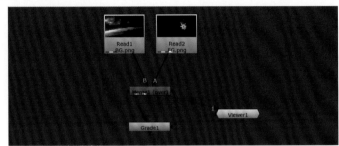

图1-12

1.2.3 串联节点

目前节点图有点复杂，在分析需要操作哪个部分时就把节点连接到这个部分的下方。

如果想给整个合成结果调色，那么Grade节点的输入线需要连接到之前的拼接结果，也就是Merge节点的下方，然后将Viewer节点连接到Grade节点，如图1-13所示，这样才能查看调节后的画面结果。

图1-13

> **技巧提示** 建议拖曳节点时将节点摆放成图1-13所示的样子，以便观察。

1.2.4 颜色调节

双击Grade节点，属性面板中会出现Grade节点的属性参数，如图1-14所示。

图1-14

找到multiply参数，现在只需要记住这一个参数，即每次调色时都优先调节multiply参数。

操作方法

调节滑块： 左右拖曳滑块，向左拖曳画面变暗，向右拖曳画面变亮，调节时注意数值框中数值的变化。

输入参数： 直接在数值框中输入参数值。

调节参数之前记得将Viewer节点与Grade节点连接，否则视图窗口中没有调节效果，整体步骤为"连接并双击→调节参数→观察效果"，如图1-15所示。

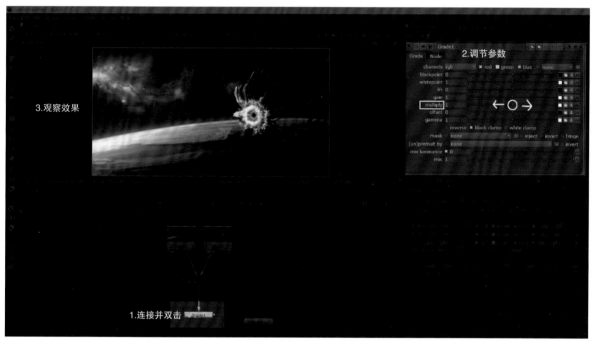

图1-15

技巧提示 对于其他参数，读者可以尝试随意调节，几乎所有节点的参数调节方式都是相同的，如gain参数，向左拖曳滑块画面变暗，向右拖曳滑块画面变亮。

读者在学习时请掌握核心内容后再去扩展学习其他知识，这样学习起来比较容易。不需要背下每个参数，只需要明白如何拖曳滑块来调节参数就可以了。后面会详细介绍每个参数的原理。

1.3 节点操作

本节主要讲解节点与节点之间的操作。对于Nuke来说，节点的排布不仅需要美观易看，还需要遵循一些规范。

1.3.1 连接规范

所有节点上方的线都是节点输入线，下方的线都是输出线，如图1-16所示。

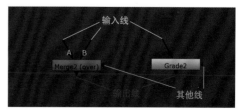

图1-16

每次操作时要选中节点的输入线，拖曳输入线去连接其他节点，不要拖曳输出线去反向连接其他节点，如图1-17所示。

Viewer节点是收尾节点，没有输出端口；素材都是顶部节点，没有输入端口，如图1-18所示。

图1-17   图1-18

规范、严谨的细节

读者可能会发现使用输出线去连接其他节点（反向连接）有时候也能成功，但需要注意的是，有时候反向连接的效果和正向连接的效果是不一样的。

软件的各种功能都可以大胆地尝试操作，但是在首次跟随案例进行练习时一定要按照每个步骤严谨地操作。尤其是在初级学习阶段，反向连接出错后可能无法第一时间发现，因此要规范操作，规避问题，降低学习难度。

书中每一步的操作细节都是有一定依据的，目的是帮助读者规避问题。建议读者在学习过程中严格按照书中步骤进行操作。

1.3.2 检查连接结果

有意识地多观察常用节点的输入线名称，在连接之后发现名称不对时一定要及时修改，如图1-19和图1-20所示。

图1-19

图1-20

读者不需要着重去背这些输入线的名称，需要做的是养成每完成一步操作就立即检查的习惯。良好的制作习惯会避免很多不必要的问题产生，同时也能培养自己排查和解决问题的能力。

1.3.3 节点摆放

节点摆放的规则示意如图1-21所示。

第1点： 节点线的箭头绝对不可以出现向上的情况，可以出现横向的情况。

第2点： 避免节点线重叠和穿插。

第3点： 将节点按照从上到下的顺序摆放，横平竖直，两个节点不要摆放得太近。

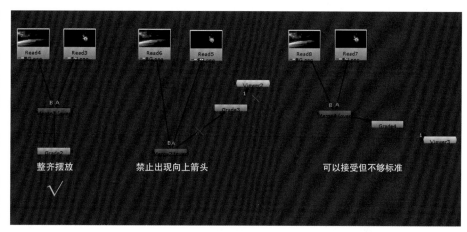

图1-21

1.3.4 点、线、面的思路

在操作时应该按照点、线、面的结构梳理工程。

点： 知道每个节点的作用是什么，如图1-22所示。

线： 知道每条线连接的画面是什么，如图1-23所示。

面： 知道每一组节点的作用是什么，如图1-24所示。

读者在整个制作过程中要时刻明确节点图中的每一个步骤是为了实现什么效果，这样思路才会清晰。节点式操作软件的优点是思路清晰和操作灵活，通过查看节点就可以大致看出制作者的操作意图，同时也便于自己及时发现问题和解决问题，因此节点的摆放一定要整洁。

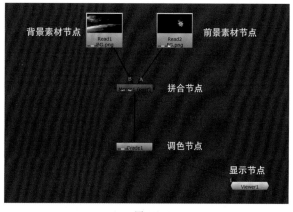

图1-22

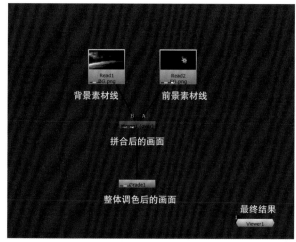

图1-23

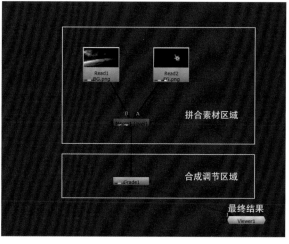

图1-24

1.3.5 撤销和删除

读者可以大胆地尝试调节节点的参数,这样可以快速熟悉新节点的每个参数对应的效果,操作失误时可以使用快捷键Ctrl+Z撤销操作。

如果节点调整错误并且忘记了默认参数,那么可以在节点图面板中单击这个节点,按Delete键将其删除,然后重新创建一个新的节点。默认的Viewer节点如果被误删除,则单击节点图面板中的空白位置,然后按1键可重新创建Viewer节点。

1.4 清晰的工程思路

在使用Nuke进行合成时需要保持清晰的工作思路,否则会因各种线而被打乱思路。

1.4.1 分析和判断调节位置

对工程节点的架构有清晰的了解才方便处理一些复杂情况。如果想要在当前工程节点的基础上单独调节前景颜色,那么Grade节点要怎么连接呢?

套用公式

需求是调节前景颜色,可以筛选出两个关键词——"前景"和"颜色"。

第1点: 调节颜色需要创建对应的Grade节点。

第2点: 调节区域是"前景",需要操作哪个部分就把节点连接到这个部分的下方。

通过上述分析,需要将Grade节点连接到包含前景且不包含其他区域的位置。

当前节点图中有4个可以添加节点的位置,如图1-25所示,下面分析每个位置,寻找符合"包含前景且不包含其他区域"的位置。注意,实际操作中可以使用Viewer节点分别连接每个节点并观察对应的画面。

1处节点线上方连接的是背景。

2处节点线上方连接的是前景,符合要求。

3处节点线上方连接的是拼合结果,其中有前景也有背景。

4处节点线上方连接的是调色后的整体画面,包含前景和背景。

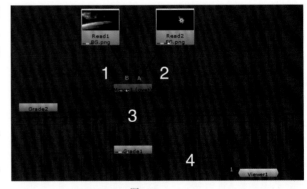

图1-25

因此,判断出可以在2处添加Grade节点,这样在调节前景时不会影响其他画面。

1.4.2 插入节点操作

在已有节点线中添加新节点,这对初学者来说是比较复杂的操作,容易产生混乱。读者一定要先按照前面介绍的思路梳理一下节点图,再进行操作。

先断开再连接

第1步: 断开Merge节点的输入线A,如图1-26和图1-27所示。

第2步: 将新创建的Grade节点连接到前景,注意摆放位置,如图1-28所示。

第3步: 选择Merge节点的A线,并连接到新创建的Grade节点,如图1-29所示。

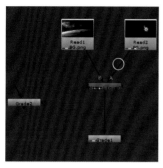
图1-26

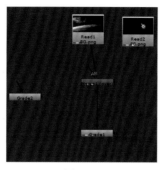
图1-27

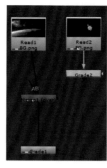
图1-28

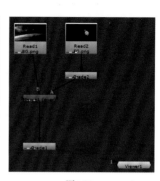
图1-29

检查

在工程的末端连接Viewer节点,然后双击新添加的Grade节点,任意调节参数,观察视图窗口中的画面,验证一下是否只影响了前景。

1.4.3 节点运行原理

当前节点图如图1-30所示。想象一下这是一个生产线,画面一步一步被加工出来,其中包含多个"材料→效果加工→得到新材料"的循环过程,示意图如图1-31所示。

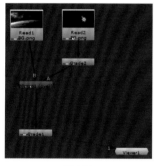
图1-30

图1-31

第1步: 原始的前景素材(FG)进入Grade工厂进行处理,得到调色后的前景素材(FG)。

第2步: 将调色后的前景素材和背景素材(BG)通过Merge工厂拼合加工,得到了两个素材拼合后的结果画面。

第3步: 再次经过Grade工厂加工,得到整体调色后的结果画面,即最终结果。

第4步: 加工出来后要用Viewer工厂运输最终结果,才能在视图窗口中看到最终画面。

第5步: 观看视图窗口中的画面效果,验收成品。

从Viewer节点到原始素材,整个节点线贯通相连,只有经过每个需要的节点,才能看到正确的画面。

原始素材

原始素材也是一个节点,即Read节点,主要功能是载入素材文件。在Read节点的属性面板中可以看到这个素材所在的路径(File),如图1-32所示。

> **技巧提示** 不要让素材的路径出现中文字符和特殊符号,在将素材导入Nuke之前先把素材放在一个所有文件夹的名称都是英文的路径下。

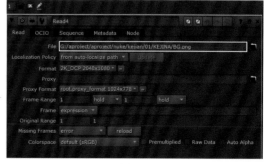
图1-32

1.4.4 Viewer节点

Viewer节点通常只有两个连接位置。

第1个： 制作时大部分时间保持连接整个节点图的末端节点的状态，以查看最终合成结果。

第2个： 连接正在调节的节点，显示这个节点的效果。

在每次调节某个节点的参数时要思考是否需要单独显示这个节点，制作过程中随时检查Viewer节点连接的位置是否合适。初学者常犯的错误就是忘记连接Viewer节点，导致看不到调节后的效果。

除了手动拖曳Viewer节点的输入线，还可以选中要查看（要连接）的节点，按1键快速地连接Viewer节点的输入线。

初级阶段只使用一条输入线即可，以免无法判断当前显示的是哪个节点。如果Viewer节点上出现了其他输入线，如图1-33所示，那么需要断开所有输入线，重新连接。

图1-33

1.5 变换操作

本节主要介绍合成中的变换操作，主要用到的节点是Transform（变换）节点，这是合成工作中比较常用的一个节点。

1.5.1 Transform节点

变换指的是大小、位置、旋转角度的改变，这是合成工作中常见的操作。在节点图面板的空白位置单击，按T键，即可创建Transform节点，如图1-34所示。Transform节点的属性面板如图1-35所示。

图1-34

图1-35

这里只需要用到前3个参数，即translate（位置）、rotate（旋转）和scale（缩放）。translate参数没有滑块，可以选中数字并滚动鼠标滚轮来调节。鼠标滚轮操作示意如图1-36所示。

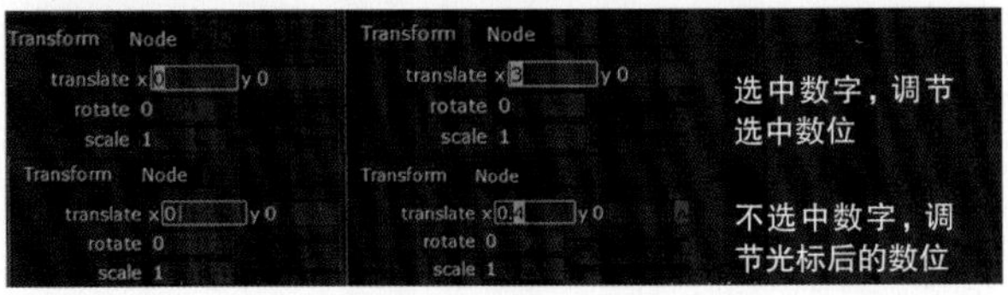

图1-36

1.5.2 变换调节

调节前需要明确需求，例如想调节一下前景的大小和位置。根据需求套用公式，可以得到两个信息。

第1个： 节点添加到前景的下方。

第2个： 可以使用Transform节点。

当前节点图的分析如图1-37所示。

观察图1-37，同Grade节点一样，找一个只影响前景而不影响背景的位置。当前案例中，Grade节点前和Grade节点后（位置2和位置3）都符合"只包含前景且不包含背景"的要求，因此这两个位置都可以使用。

如果无法判断，那么可以直接进行连接，然后尝试调节参数，观察画面结果是否符合要求。

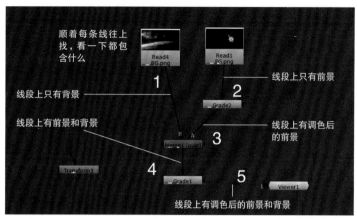

图1-37

操作方法

操作过程遵循"找到位置→断开下方节点→新节点连接在上方→下方节点连接新节点"这一思路，如图1-38～图1-41所示。

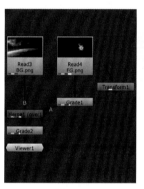

图1-38

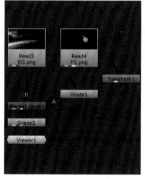

图1-39

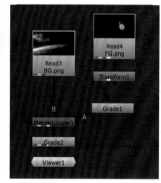

图1-40

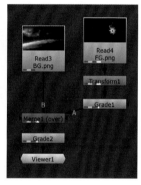

图1-41

检查

连接后调节参数验证一下连接是否正确，然后修改translate和scale参数。如果调节参数时只有前景发生改变，那么说明连接是正确的。

控制手柄

双击Transform节点，显示出Transform节点的属性面板，视图窗口中会出现一个控制手柄。缩放和旋转变换会以视图窗口中的控制手柄为中心点进行，如图1-42所示。

技巧提示 如果要修改控制手柄的位置，则可以按住Ctrl键拖曳控制手柄。

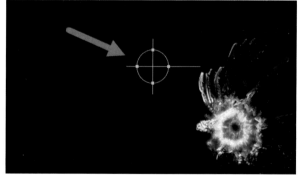

图1-42

1.5.3 属性面板操作

开启Transform节点的属性面板时控制手柄会一直存在于视图窗口中，这样既影响画面效果的查看，又可能会对控制手柄进行误操作。建议调节Transform节点之后立即关闭Transform节点的属性面板。

操作方法

单击属性面板标签下方的 按钮，关闭所有节点的属性面板，如图1-43所示。之后需要调节某个节点的参数时，双击需要调节的节点，打开属性面板即可。

养成习惯：每次打开Nuke后将属性面板的最大显示数量修改为1，每次只显示一个节点的属性参数。如果视图窗口中出现过多的控制手柄，容易造成误操作，同时也影响观看画面。

图1-43

操作方法

将属性面板标签下方的10改成1，如图1-44和图1-45所示。

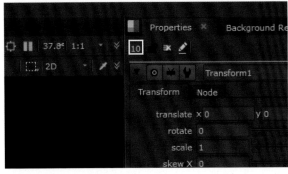

图1-44

图1-45

1.6 Nuke的核心原理

本节主要介绍Nuke在合成技术方面的核心原理，包含原理分析、学习技巧和相关软件的异同。

1.6.1 原理分析

Nuke是一个帮助我们实现各种合成效果的工具。在进行操作前先明确需求，如拼合、调色、缩放、位移等，然后找到对应的参数进行调节。每一步操作完成后都把画面结果当成一个新素材，继续进行其他操作。

扩展的步骤公式

明确需求→创建节点→判断位置→连接节点→显示结果→调节参数。

节点运行原理

可以把整个节点图看作一个电路图，Viewer节点是电池，其他每个节点都是一个灯泡，电路通电灯泡才会亮，如图1-46所示。也就是说，每个节点的输入线和输出线都需要被连接，这样灯泡在电路中才能够发挥作用。注意，要在刚开始电路图还不复杂的情况下去梳理思路，明确"点、线、面"是什么。

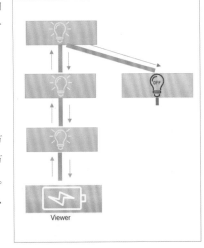

图1-46

1.6.2 学习技巧

学习过程中不需要硬背参数，建议通过尝试调节来找到需要的参数。

调节参数

例如需要调节与位置相关的参数，只需要知道Transform节点可以调节位置，然后看着合成效果随意调节Transform节点的属性面板中的参数，观察一下在调节参数时位置是否发生了变化，就可以确定这是否为与位置相关的参数。这样可以快速地找到需要调节的参数，多操作几次就记住了。

工程标记

制作时需要清晰了解每一个节点要进行什么操作，这里可以使用工具辅助标记工程，有以下两种方式。

第1种： 在节点的属性面板上方单击Node标签（所有节点都有此标签），如图1-47所示；进入Node后，可以在lable文本框中输入文字备注，此处可以输入中文，如图1-48所示；输入的文字尽量简单明了，同时输入的文字会在节点图中显示，如图1-49所示。

图1-47

图1-48

图1-49

第2种： 使用Dot节点，这个节点也叫作骨骼节点（骨节点）或圆点节点，如图1-50所示；在节点图面板中的空白位置单击，按。（句号）键，创建Dot节点；将Dot节点拖曳至节点线中，这里就有了一个关节，如图1-51和图1-52所示；双击Dot节点可以在其属性面板中输入文字备注，如图1-53所示。

图1-50

图1-51

图1-52

图1-53

在合成工作中，合成师也会经常制作工程标记，以便快速找到指定位置。学习时建议大家养成标记工程的习惯，标记效果如图1-54所示。

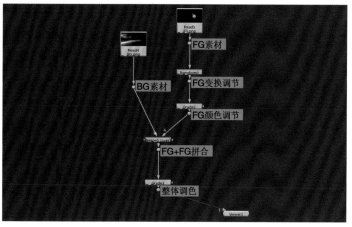
图1-54

1.6.3 Nuke和其他软件的共性

软件的学习是相通的，如果你学过其他视频处理软件，那么你可以提取它们的共同特点并应用到Nuke的学习中，帮助你理解Nuke的使用思路。例如，大多数视频处理软件的界面主要有三大块——画面显示区、操作区和参数调节区，如图1-55所示。

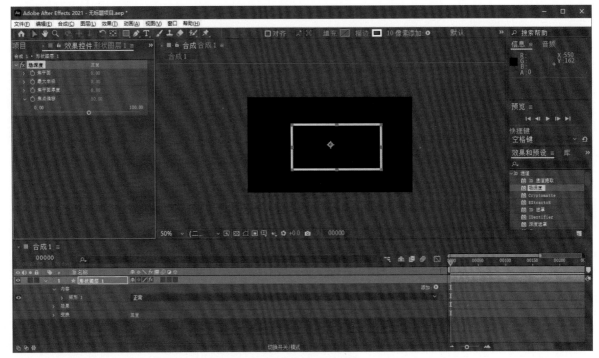

图1-55

1.6.4 节点式操作与图层式操作

节点式操作和图层式操作的区别如表1-1所示。

表1-1

	节点式操作	图层式操作
工作方式	在操作界面中根据需求添加对应节点，将所有节点通过线段连接起来	在操作界面中每个素材就是一个图层，在图层上操作，调节参数，如After Effects
拼合方式	例如，在Nuke中使用Merge节点连接素材，A叠加B	上层图层的画面会自动覆盖下层图层的画面，从下到上一层一层地叠加
素材使用	可反复使用，需要多次使用时在连接节点线前导入原始素材	无法反复使用，因为上下叠加关系不可改变，还有素材是加在图层上的，所以只能重新导入一个新的素材
优势特点	用节点线连接，操作更灵活，合理摆放节点可以让思路更清晰	图层和时间线对应，观察时间线更直观

图层式操作软件的主要面板如图1-56所示。

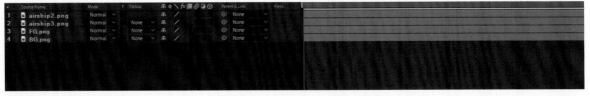

图1-56

这两种模式各有优势，节点式操作软件比图层式操作软件烦琐的原因是没有注重规范操作。图层式操作软件的参数等都添加在图层中，相当于做了一个分类，不容易产生混乱。节点式操作软件的节点需要有意识地去整理，按照层级关系，从上到下摆放。

但当节点摆放整齐规范时，思路清晰的优势就完全发挥了，可直观地看到做了哪些操作。

1.7 多素材合成

合成工作并不是简单的两个素材的合成，而是大量素材的合成，这样烦琐的工作需要一些技巧和规则，下面进行详细讲解。

1.7.1 化繁为简

回到案例，导入一个新素材，如图1-57所示，将这个飞船添加到画面中。

目前读者已经掌握了两个素材的合并方法，那么当有多个素材时如何转化成两个素材叠加的状态呢？可以将之前已经拼合好的部分当作一个整体，即新的背景，如图1-58所示，这时只看末端节点，画面效果为整体带有飞船的新背景。

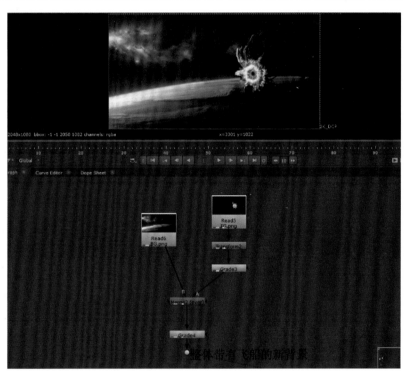

图1-58

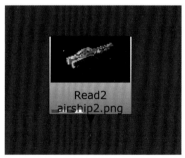

图1-57

将新背景和新素材合并，然后回到基础的叠加状态，如图1-59所示。左侧的新素材是前景，右侧是整体背景。

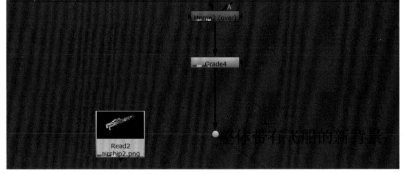

图1-59

现在需要使用Merge节点，回忆一下Merge节点的原理，即A会盖在B上面。将输入线B连接背景，输入线A连接前景（注意输入线A、输入线B不要连接反了），如图1-60所示。

技巧提示 每次使用Merge节点拼合时，不管前面的节点排列有多复杂，只需要看最后一个节点的效果，将其当成一个整体即可。

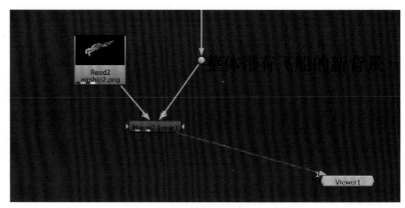

图1-60

1.7.2 发现并解决问题

在完成每一步后，立即进行检查。在节点图最后添加新节点时，一定要记得重新连接Viewer节点到新的末端节点上。观看画面，观察当前效果与期望的效果有什么差别，或者有什么明显的问题。当前界面状态如图1-61所示。

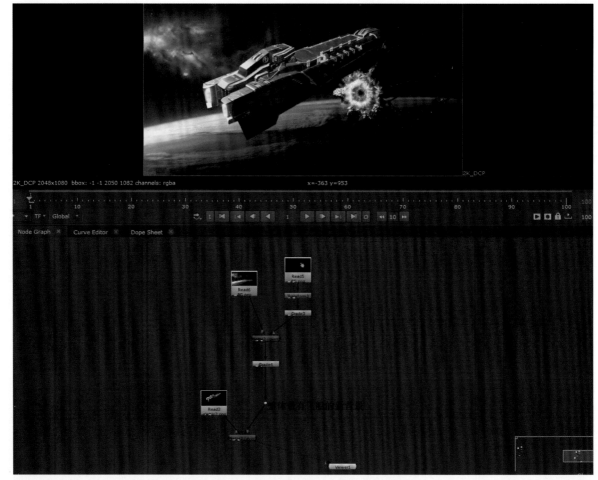

图1-61

虽然目前两个素材已经拼合在同一个画面中了，但由于前面的飞船太大，后面的飞船被挡住了。为了达到想要的效果，需要将新的飞船缩小。

哪个节点能完成这个任务呢？Transform节点。步骤为"明确需求→创建节点→判断位置→连接节点→显示结果→调节参数"。

操作方法

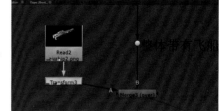

01 在节点图面板中的空白位置单击，按T键创建Transform节点。现在判断位置，Transform节点需要连接到前景飞船的下方和拼合结果的上方，如图1-62所示。

图1-62

02 双击需要调节的Transform节点，在其属性面板中设置scale参数为0.25，如图1-63所示，效果如图1-64所示。

图1-63

图1-64

03 解决此问题之后查看是否还存在其他问题。目前的新问题是新添加的前景飞船的位置不合适，转换成具体需求为前景飞船需要向下移动，那么需要使用带有位移参数的Transform节点。这里可以直接使用已有的Transform节点，修改translate参数，如图1-65所示，效果如图1-66所示。

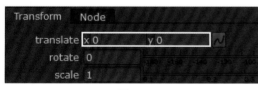

图1-65

图1-66

技巧提示 translate参数包含两个参数，读者可以使用尝试调节参数的方法判断出两个参数的作用效果。

x是横向位移，负数向左，正数向右。

y是纵向位移，负数向下，正数向上。

调节之后单击属性面板中的×按钮，如图1-67所示，关闭画面中的控制手柄。

图1-67

1.7.3 步骤和思路归纳

在制作过程中所有为实现某种效果而进行的操作，其框架几乎都是相同的，即"创建节点→连接节点→显示节点→调节参数"。

注意，不能盲目地去创建节点和连接节点。需要思考想要实现什么效果、哪些节点可以实现这个效果，以及为什么要选择连接这个节点。千万不要单纯地记忆案例中的步骤和参数，案例中的方法并不适用于所有镜头。

1.8 分离前景和背景

本节主要介绍分离前景和背景的方法，这个操作是较为重要的。

1.8.1 去除背景

前面使用的素材是不带背景的图片，可以直接叠加在背景上，且不会遮挡住背景。但在工作中很多时候拿到的素材有背景，如图1-68所示，在使用前需要将其背景去除。如果直接叠加素材，则会将项目中的背景覆盖掉，即A会遮挡住B，如图1-69所示。

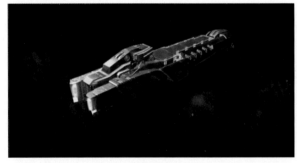

图1-68 图1-69

现在只需要保留飞船，去掉其他区域。通常合成工作中把素材的前景和背景分离的操作叫作抠像。这里介绍一个基础的方法——Roto抠像，需要3个节点组合完成抠像操作。

第1个： 按O键，创建Roto节点，如图1-70所示。

第2个： 按K键，创建Copy节点，如图1-71所示。

第3个： 单击节点图面板中的空白位置，按Tab键，打开对话框，如图1-72所示；输入premult，如图1-73所示。选择Premult[Merge]，创建Premult（预乘）节点，如图1-74所示。

图1-70

图1-71

图1-72

图1-73

图1-74

技巧提示 使用Tab键创建节点是合成工作中的常规操作，一般只输入前几个字母就会显示出所需要的节点。

操作方法

01 连接节点，进行Roto抠像时有固定的操作组合。将Copy节点的输入线A连接给Roto节点，把输入线B连接给要抠像的素材（有背景的飞船），将Premult节点的输入线连接在Copy节点的下面。选中Copy节点，按1键，将其与Viewer节点连接起来，如图1-75所示。

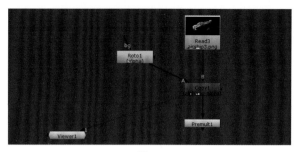

图1-75

> **技巧提示** 每次创建新节点时都要重新设置Viewer节点的连接。

02 双击Roto节点，在视图窗口中通过单击绘制图形，每次单击后可以创建一个点，最后单击起始点即可得到一个封闭的图形，如图1-76所示。图形内的画面会被保留，其余部分会变得透明。

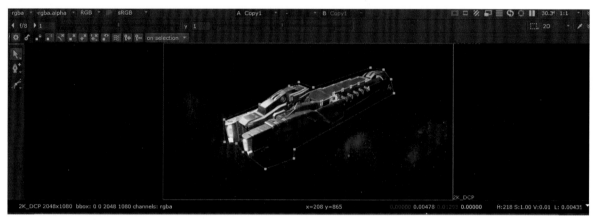

图1-76

> **技巧提示** 如果双击Roto节点无法绘制图形，则可以删除Roto节点并重新创建。

03 选中Premult节点，按1键，让Viewer节点连接过来，显示抠像完的效果，如图1-77和图1-78所示。注意，在绘制过程中要先显示Copy节点，画完之后再显示Premult节点。

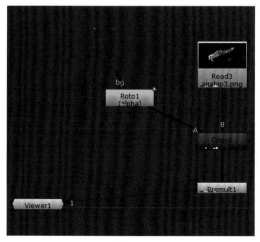

图1-77

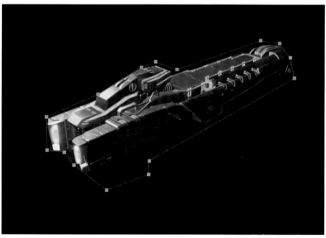

图1-78

04 根据"每次使用Merge节点拼合时不管前面的节点排列有多复杂，只看最后一个节点的效果，将其当成一个整体即可"技巧，图1-79所示的左侧是背景（之前的拼合结果），右侧是前景（抠像后的飞船）。创建Merge节点，将输入线A、B分别与其他节点连接，如图1-80所示。

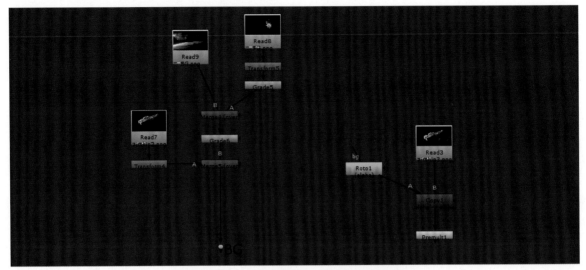

图1-79

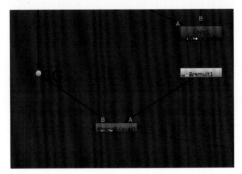

图1-80

1.8.2 Roto抠像原理：透明通道alpha

找到背景为透明的飞船，选中后按1键进行显示，如图1-81所示。

图1-81

下面研究一下这个素材的背景为什么是透明的。这个素材中有一个隐藏的黑白图形，该图形是用于控制透明状态的。视图窗口默认显示RGB颜色，单击RGB按钮，切换到Alpha，如图1-82所示，可以看到这个黑白图形，如图1-83所示。

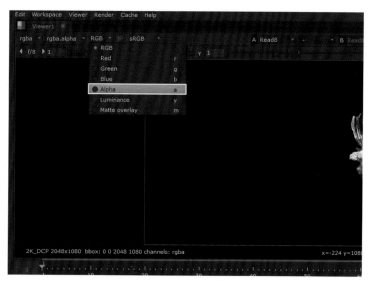

图1-82

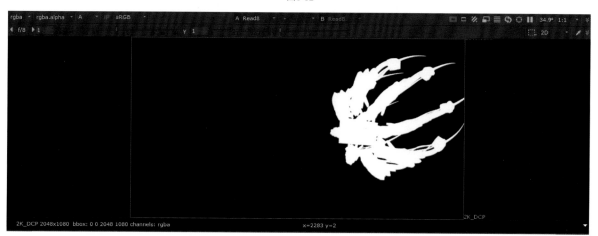

图1-83

技巧提示 在黑白图形（透明通道）中，所有白色区域是不透明的，所有黑色区域是完全透明的，所有灰色区域是半透明的，此处遵循了"黑透白不透"的规则。

这里有4个关于RGB的按钮，注意别点错，如图1-84所示，选择为Alpha通道显示后，之前的RGB位置会显示为A。

图1-84

下面观察一下带背景的飞船，其节点连接方式如图1-85所示。alpha（透明）通道中所有区域都是白色，表示没有透明的地方，如图1-86所示。

图1-85

图1-86

现在思考一下，我们需要的是什么样的？

目前想要的状态是飞船部分为白色，其他地方为黑色，如图1-87所示。

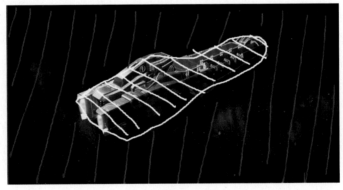

图1-87

技巧提示 后续操作步骤请观看本章的教学视频和附赠的电子书。

第 **2** 章

Nuke的项目制作流程

本章将介绍Nuke合成项目的制作流程，主要分为准备工作、合成制作和最终输出3个步骤。这一部分内容都比较基础，请读者将重点放在掌握流程和思路上，对于节点的使用方法，后续内容会详细介绍。

2.1 准备工作

在使用Nuke制作项目之前,读者要对运行Nuke、导入序列素材、设置工程和保存文件等操作进行了解。

2.1.1 运行Nuke

图2-1

注意,在合成工作中需要使用拥有完整功能的NukeX。安装好Nuke后,会有很多的快捷方式,这里需要找到带有X的快捷方式,如图2-1所示。在使用Nuke制作项目时一般会出现两种情况,即继续制作项目和新建镜头。

1.继续制作项目

因为有的合成项目的工作量比较大,需要分时段制作,所以可能会多次打开Nuke并继续之前的工作,即接着制作之前保存的项目。执行File>Open Comp菜单命令,如图2-2所示,找到之前保存的文件即可继续制作项目。

图2-2

技巧提示 在打开之前保存的文件时一定要先启动NukeX,然后在软件中打开文件。如果直接通过双击来打开文件,那么系统会使用Nuke来打开文件,而不是NukeX。

2.新建镜头

新建镜头分为以下3步。

第1步: 直接双击NukeX快捷方式 打开软件。

第2步: 软件开启后有3个固定的准备工作,分别是导入序列素材、设置工程和保存文件。

第3步: 把属性面板中的最大显示数量从10改为1。

2.1.2 导入序列素材

这里的序列并不是指剪辑软件中的"序列"。通常情况下连续的图片被称为图片序列,将其导入软件中后可以和视频一样进行播放,如图2-3所示。

图2-3

导入序列素材的方法是将整个文件夹拖曳至节点图面板中。图片序列的文件夹如图2-4所示，将序列素材导入节点图面板的效果如图2-5所示。

图2-4

图2-5

2.1.3 设置工程

在制作镜头以前，都要先设置工程，即设置视频尺寸、帧长度等一些基础参数。注意，在使用视频处理软件制作工程前都有这一步操作。

1.查看参数

双击其中一个素材，在属性面板中查看参数，如图2-6所示。这里需要记录两个参数，分别是Format（格式）（HD-1080 1920×1080）和Frame Range（帧数范围）（1～25）。

> **技巧提示** 帧是比秒小的时间单位，每一帧对应一个画面。通常情况下电影中每秒有24帧。

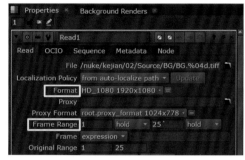

图2-6

2.设置工程参数

把鼠标指针悬停在属性面板上，如图2-7所示，按S键进入工程设置面板，如图2-8所示。

图2-7

图2-8

在工程设置面板中找到需要修改的参数，即full size format（全尺寸格式）和frame range（帧数范围）。这里需要按照素材参数进行修改，因为前面记录的素材的Format为HD_1080 1920×1080、Frame Range为1～25，所以在full size format下拉列表中选择需要的尺寸，如图2-9所示。

至于frame range参数值，Nuke一般会自动识别，这也是要先导入素材的原因。检查并确认没有问题后勾选lock range（锁定范围），如图2-10所示。

图2-9 　　　　　　　　　　　　　　　　　图2-10

3.总结

在设置工程时请读者记住以下3个重要步骤。

第1步： 记录素材参数。

第2步： 打开工程设置面板（快捷键为S键）。

第3步： 设置参数（主要为full size format、frame range和lock range）。

设置正确的尺寸很重要，但同时要注意工程设置面板和素材属性面板的区别，切记不要改错参数。工程设置面板如图2-11所示，素材属性面板如图2-12所示。

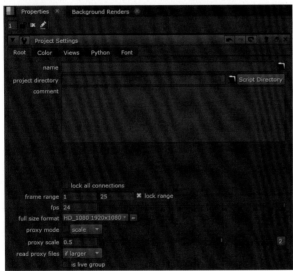

图2-11

图2-12

2.1.4 保存文件

保存文件是制作项目的必要操作，在操作时要注意文件的命名、位置和相关规范。

执行File>Save Comp菜单命令可以保存文件，如图2-13所示。首次保存后会在指定路径下生成一个.nk文件，之后在制作过程中，需要随时使用快捷键Ctrl+S更新保存内容。

文件的命名规范

每个公司都有自己的一套命名规范，只有规范命名才能让各个组高效对接。例如常见的命名方式为"镜头名字+组别+姓名+版本号"，以当前镜头为例，镜头名字为Robot，组别为CMP（合成），姓名简写为linjy，版本号为v001，那么文件名字应该是Robot_CMP_linjy_v001。注意，Nuke中不可以出现中文和特殊字符（工程标记除外），空格和-都属于特殊字符，所以使用_进行连接。

图2-13

保存和另存

制作过程中记得随时保存文件。在取得阶段性进展后要升级版本并另存文件，执行File>Save Comp As菜单命令可另存文件，如图2-14所示。

除此之外，还可以执行File＞Save New Comp Version菜单命令，将文件保存为新版本，如图2-15所示。注意，只有首次保存时按照规范格式命名后，才能使用此功能，软件会自动把Robot_CMP_linjy_v001另存为Robot_CMP_linjy_v002。升级版本的快捷键为Alt+Shift+S。

准备工作的最后一项是设置属性面板的最大显示数量，每次重新打开Nuke时都需要设置。将属性面板的最大显示数量由10改为1，如图2-16所示。

图2-14　　　　　　　　图2-15　　　　　　　　图2-16

2.2 合成制作

本节通过Keylight抠像讲解合成制作的相关流程和布局规范。

2.2.1 先思考再动手

准备工作完成后，依次预览素材、了解镜头情况、规划制作内容，然后开始制作。这里有两个原始素材，一个是场景，另一个是带有绿色背景的机器人，如图2-17所示。

播放素材，观察画面，单击视图窗口下方的"播放/暂停"按钮▶，如图2-18所示。播放时有些操作不会被更新显示，记得先暂停再继续制作。

图2-17

图2-18

定制方案与计划步骤

根据镜头情况，思考需要用到哪些技能，推演大概制作步骤。

场景应该是背景，机器人应该是前景，涉及一个拼合工作。机器人素材的背景不是透明的，那么需要对绿色部分进行抠像，即先进行抠像，再进行拼合。

2.2.2 Keylight抠像

在影视制作中，会把蓝布或绿布作为背景来拍摄需要做前景分离的部分，这样可以在软件中快速去掉所有蓝色或绿色部分，这个技能叫作蓝绿背景抠像，如图2-19所示。前面学的Roto抠像方法，通常用于没有蓝绿背景的情况。

图2-19

蓝绿背景抠像工具

对于蓝绿背景的素材，可以使用专门的抠像节点快速地分离前景和背景。先来认识第1个抠像工具。

创建节点

在节点图的空白位置单击，按Tab键，在搜索框中输入节点名称Keylight，如图2-20所示，创建Keylight（抠像）节点，如图2-21所示。

图2-20　　　　　　　　图2-21

Keylight节点非常简单，它有4个输入端口。下面笔者分享一个连接多端口节点的秘诀。

快速连接多端口节点

第1步： 把Viewer节点连接到机器人素材，如图2-22所示。

第2步： 直接把Keylight节点拖曳至机器人素材下方的节点线上，快速完成插入和连接节点的操作，如图2-23所示。

这个时候软件会自动识别并连接其中一个端口，而且基本上软件的选择都是正确的，如图2-24所示。

图2-22　　　　　　　　图2-23　　　　　　　　图2-24

软件自动连接的是Source（素材）端口，如图2-25所示，这样读者下次就知道该连接哪一条线段了。

设置节点

继续按照公式制作，双击Keylight节点。

第1步： 激活吸管工具。在Keylight节点的属性面板中，单击黑色方块（Screen Colour参数右侧），如图2-26所示。

第2步： 取色。在视图窗口的画面中按住Ctrl键，单击绿色区域，完成抠像，效果如图2-27所示。

图2-25

图2-26　　　　　　　　图2-27

检查效果

抠像操作完成后需要在alpha通道中检查一下透明信息是否正确。

方法1：将视图窗口上方的RGB模式改成Alpha，如图2-28所示，即可进入alpha通道。

方法2：将鼠标指针放在视图窗口中，按A键，可直接进入alpha通道。回到RGB模式的方法是再次按A键。

展开下拉菜单时可以看到每个通道对应的快捷键，将鼠标指针悬停在视图窗口中，按对应的快捷键，可以进入对应的通道。再次按下相同的快捷键，可以回到RGB模式，如图2-29所示。

图2-30所示的白色区域是有画面的区域，黑色区域是透明区域，确认没有问题后回到RGB模式。

图2-28   图2-29   图2-30

2.2.3 工程节点布局规范

接下来就是Nuke的基础操作——拼合素材。根据需求创建Merge节点，每次使用Merge节点时都要先思考前景和背景分别是什么。Merge节点的叠加原理是A的画面盖在B的画面上。

输入线A连接抠像后的机器人素材，输入线B连接背景，Viewer节点连接Merge节点，如图2-31所示，最终画面效果如图2-32所示。

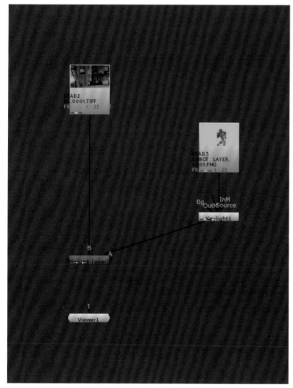 

图2-31   图2-32

确定工程主线

通常背景是整个工程的主线，以背景为底图将其他素材从远到近依次添加到背景中。工程主线上每一个Merge节点的输入线B连接主线，输入线A连接分支，如图2-33所示。

原始素材需要按照逻辑关系摆放

素材的Read节点按照空间关系放置，因为远处的素材或后面的素材在最上面，背景在机器人的后面，所以背景素材的Read节点在机器人素材的Read节点的上方。

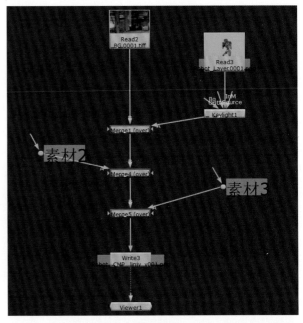

2.2.4 效果检查

拼合完成后检查一下画面动态，确认Viewer节点连接在主线的最后一个节点上，按L（播放）键查看合成结果，按K键可暂停播放，此时的时间线如图2-34所示。

图2-33

图2-34

当前案例时间线的帧数范围是1~25，如果误操作导致时间线显示的帧数范围和工程设置的帧数范围不匹配，那么可以在时间线左下方选择Global，重新匹配工程设置的帧数范围，如图2-35所示。

图2-35

2.3 最终输出

在一切工作完成后，需要将合成结果导出，这步操作叫作最终输出，下面介绍具体操作方法。

2.3.1 输出序列

这个镜头是动态的，需要输出序列文件或视频文件。

输出序列

输出序列和输出单帧图片略有不同，按照输出单帧图片的操作，按W键创建Write（输出）节点，把Write节点连接到主线的最后，如图2-36所示。

按"设置路径→添加名字→填写图片格式"的思路设置参数，如图2-37所示。通常输出文件的名字会和保存的工程文件的名字一致，并且是统一的版本号。输出序列和输出单帧图片的区别是，输出序列需要在文件格式前加4个井号"####"，且前后用英文句号连接，如图2-38所示。

图2-36

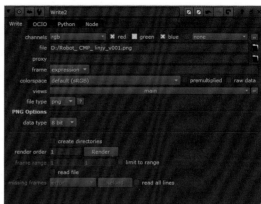

图2-37

图2-38

序列文件的每张图片的名字上都有顺序编号,4个#号的意思表示4位编号,是常用的序列位数,图片会以0001起始排列,即0001、0002、0003……如图2-39所示。

图2-39

创建文件夹

因为序列文件是由多张图片组成的,所以建议设置路径时选择一个单独的文件夹,以便整理。文件夹的名字和序列文件的名字保持一致。

方法1: 提前创建好文件夹,在磁盘中创建一个名字为Robot_CMP_linjy_v001的文件夹,然后创建Write节点。

方法2(推荐): 直接在地址栏序列命名之前手动输入一个文件夹名字,文件夹名字后要使用/结尾,然后输入序列文件名,如图2-40所示。

图2-40

勾选create directories(自动创建文件夹),如图2-41所示。单击Render(渲染)按钮,确定帧数范围是1～25后,单击OK按钮,确定输出,如图2-42所示。

Nuke会根据设置的路径自动创建文件夹,渲染完成后没有任何提示则说明渲染成功,可在文件夹里找到输出的文件,如图2-43所示。

图2-41

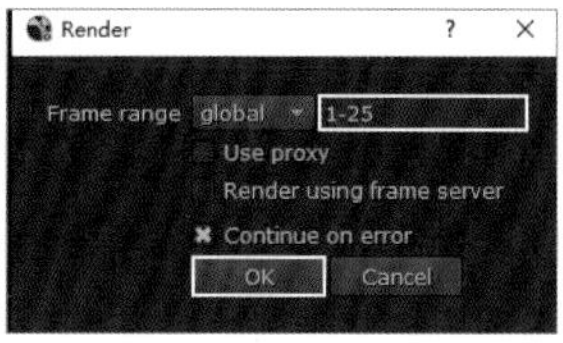

图2-42

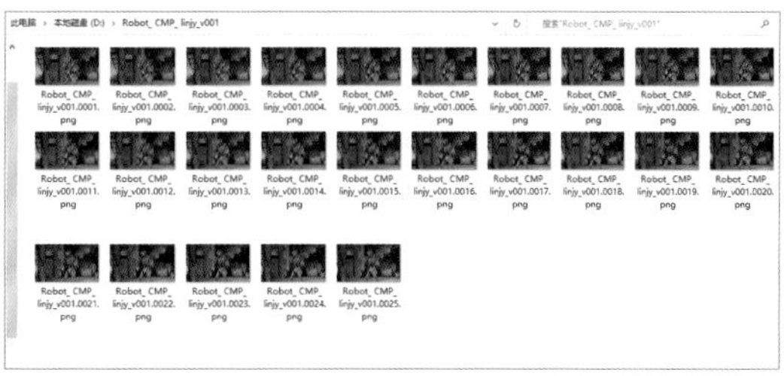

图2-43

注意,序列文件无法直接播放动态效果,需要按照导入序列素材的方式将其导入Nuke中进行播放。

2.3.2 输出视频

在日常练习时输出一个视频更为方便。其输出路径的格式和单帧图片类似，但是结尾要使用.mov视频格式，即"路径/名称_组别_姓名_版本号.mov"，如图2-44所示。

图2-44

设置视频编码

MOV视频有很多种类型，在输出路径中填写正确的视频格式（.mov）后，下方会显示出视频编码选择参数，如图2-45所示。Codec Profile默认为ProRes 4:2:2 HQ 10-bit，如图2-46所示。

图2-45　　　　　　　　　　图2-46

推荐使用H.264格式，其生成的文件会更小，画面也足够清晰，H.264格式是一个常见的视频格式，此格式的视频可以使用普通播放器播放。在Codec（编码）下拉列表中选择H.264，如图2-47所示。

图2-47

技巧提示 在旧版本Nuke中，需要给计算机系统安装QuickTime播放器，才能出现H.264编码这个选项。

第 **3** 章

核心节点研究

本章将介绍Nuke的核心节点和通用参数。与其他软件的不同工具拥有不同参数的特点不同，Nuke的所有节点的主要参数都是一致的，所以掌握好通用参数的设置原理和核心节点是学好Nuke的基础条件。

3.1 节点参数详解

本节主要介绍同属性参数的相关原理和操作方法,这部分参数存在于大多数节点的属性面板中,是较为基础的参数。

3.1.1 颜色组成理论

Nuke节点的很多参数是相同的,大部分节点的属性面板上方都会有channels(通道)参数,中间部分包含一些参数滑块,底部为mix(混合)参数。图3-1所示的是Grade节点的属性面板。

Grade为调色节点,在介绍其具体参数前,读者需要了解一些关于颜色的基础理论知识,主要包含两点。

第1点:光的三原色为红色(red)、绿色(green)和蓝色(blue),这3个颜色可以组合出任何颜色。

第2点:画面是由很多的色块拼合而成的,这些色块被称为像素。

图3-1

在视图窗口中将画面不断放大,可以清晰地看到像素,如图3-2和图3-3所示。像素的颜色就是由三原色按不同比例组合而成的,这些颜色被称为"RGB颜色",可以通过一组数值来表示,即每个像素的颜色都有对应的数值。

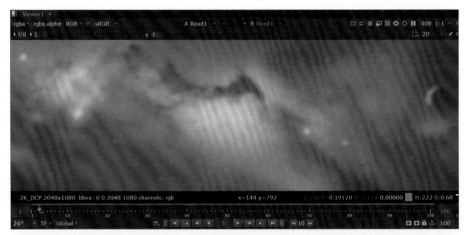

图3-2

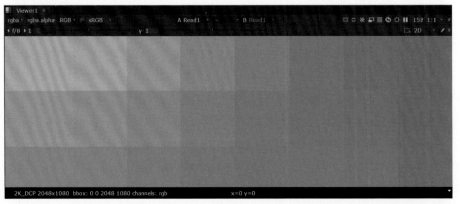

图3-3

将鼠标指针移动到视图窗口的画面中，视图窗口右下方会显示鼠标指针所在位置的颜色数值，如图3-4所示。读者可以根据数值判断颜色，红色为0.00750，绿色为0.01096，蓝色为0.02956。

图3-4

技巧提示 后面白色数值为alpha通道的数值。0代表没有颜色，即显示为纯黑色；1代表白色。

单击视图窗口中的RGB按钮，展开下拉菜单，选择Red，进入红色通道，即可单独查看红色通道的画面效果，如图3-5和图3-6所示。

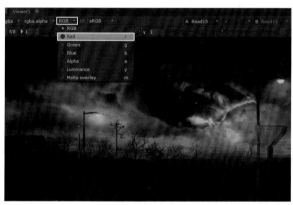

图3-5

图3-6

技巧提示 将鼠标指针放在视图窗口中，按R键可快速切换至红色通道。同理，按颜色通道对应的快捷键，即可切换到对应的颜色通道。因为单独的通道中只有一个颜色的数值信息，是无法表现色彩的，所以在单独的通道中只能看到黑色和白色。同理，alpha通道只有一组数值，所以只能看到黑白内容。

继续观察图3-6所示的效果，当前画面（红色通道）中偏亮区域表示红色多，偏暗区域表示红色少。

如果想从单独的通道回到RGB模式，则可以将鼠标指针放在视图窗口中并再次按R键。

注意，R、G、B数值的差别越大，颜色越鲜艳，如图3-7所示。当3个数值的比为1:1:1时，画面会变成黑色、白色或灰色。例如R、G、B均为0.60000时，画面显示为灰色，如图3-8所示。

图3-7

图3-8

3.1.2 Grade节点的详细解析

创建一个Grade节点，为其连接素材，如图3-9所示。

图3-9

1.参数调节方式

先来看一下multiply（亮度）参数，拖曳滑块或调节参数值可以修改亮度。单击这个参数右侧的"色轮"按钮，如图3-10所示。打开"色轮"模式，可以单独控制R、G、B的滑块，即分别修改R、G、B的数值，从而调节颜色，如图3-11所示。

图3-10

图3-11

> **技巧提示** 读者还可以通过拖曳左侧色轮中心的圆点直接修改颜色，如图3-12所示。

如果只需要调节画面亮度，则不需要单击"色轮"按钮，直接调节参数值或拖曳滑块即可。如果需要同时调节颜色和亮度，则需要单击"色轮"按钮，前面3个为R、G、B参数，右侧有一个亮度参数，如图3-13所示。

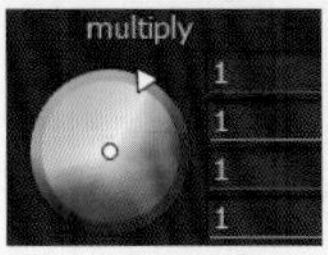

图3-12

图3-13

2.调节颜色

在调节颜色时如果想让画面整体偏红一些，则可以增大红色通道的数值；如果想让画面整体偏青一些，则可以同时增大绿色通道和蓝色通道的数值。读者在练习的时候可以尝试增大或减小某两个颜色通道的数值，观察画面颜色的变化情况，熟悉颜色的搭配规律。

这里介绍一下"吸管工具"的用法，它位于"色轮"按钮的左侧，其使用方法与Keylight节点的"吸管工具"相同。其有两个状态，如图3-14和图3-15所示。

图3-14 　　图3-15

单击常规状态的"吸管工具"🔲将其激活，然后按住Ctrl键，在画面中需要吸取颜色的位置单击进行取色，此时画面中会出现红色标记，右下角会一直显示红色标记所在位置的颜色数值，如图3-16所示。这个颜色数值会变成"吸管工具"🔲所属参数的数值，例如这里使用的是multiply参数的"吸管工具"🔲，那么颜色数值会出现在multiply参数右侧，如图3-17所示。

图3-16

图3-17

技巧提示 如果要取消画面中的红色标记，则按住Ctrl的同时在画面中单击鼠标右键。另外，使用完"吸管工具"🔲后，建议再次单击"吸管工具"🔲，关闭激活状态，以免误操作。

Nuke中关于颜色的节点参数，读者均可以使用此方法进行调节。同一类型的知识点，掌握它们的共性特点，就可以在核心基础上推导扩展到其他类似的知识点，提高学习效率。

3.参数关系

下面以multiply参数为基础来介绍一下其他参数。这里笔者按操作频率和习惯来进行介绍，不以参数的前后顺序进行介绍。

multiply参数上方的gain（亮部）参数的调节效果与multiply参数一样，通常会用一个参数调节颜色，用另一个参数调节亮度。在调节multiply参数和gain参数时会影响画面中的亮部区域，增大它们的参数值后，画面中原本是纯黑色的地方还是黑色，但其他地方明显变亮了，如图3-18和图3-19所示。

图3-18

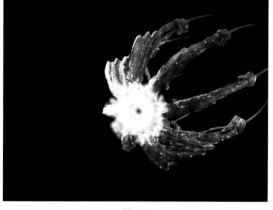

图3-19

与之相对的lift（暗部）参数则用于调节暗部区域，增大参数值后黑色区域也会被提亮，如图3-20和图3-21所示。

图3-20

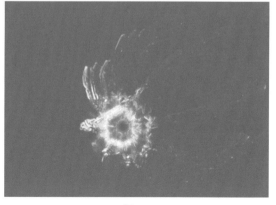

图3-21

技巧提示 对于调节亮部的gain参数/multiply参数和调节暗部的lift参数，它们的调节方式是一样的。增大参数值（滑块向右移），亮度提高；减小参数值（滑块向左移），亮度降低。它们分别都有一个反向的对应参数，下面进行介绍。

gain参数/multiply参数的反向参数是whitepoint（白点）参数，增大whitepoint参数的值，画面会变暗。当它们的值相同时，提亮了多少，就会压暗多少，两个参数的效果刚好完全抵消，即颜色或亮度不变，参数如图3-22所示。

lift参数的反向参数是blackpoint（黑点）参数，增大blackpoint参数的值，画面会变亮。同理，两个参数的值相同时，效果会完全抵消，参数如图3-23所示。

图3-22   图3-23

既然gain参数/multiply参数是调节亮部的参数，lift参数是调节暗部的参数，那么肯定有一个调节中间调的参数，这个参数就是gamma（伽马）参数。

> **技巧提示** 以上就是Grade节点常用的调色参数。读者可以忽略offset参数，它是用于整体加减偏移颜色数值的，即"原始颜色参数+offset参数=调色后颜色参数"，通常情况下不会使用该参数。

因为这些参数都是有关联的，所以建议优先理解multiply参数，然后回忆各个参数的相互关系，这样不仅能够轻松地记忆，也能更理解Grade节点的原理。各个参数的关系如表3-1所示。

表3-1

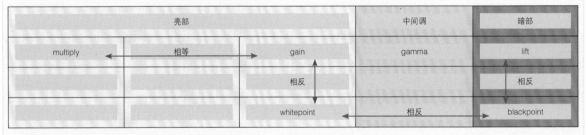

亮部			中间调	暗部
multiply	相等	gain	gamma	lift
		↕	相反	相反
		whitepoint	相反	blackpoint

对于初学者而言，记住使用Grade节点调色时优先使用multiply（参数）和gain（参数）即可。

4.其他能用到的参数

勾选reverse（反向）后，如图3-24所示，Nuke会把节点的调色效果反转，即提亮变成压暗、压暗变成提亮。

勾选black clamp（黑裁切）后，如图3-25所示，Nuke会将画面中颜色数值小于0的像素的颜色数值统一变为0。

该参数默认勾选，如果画面中出现颜色数值小于0的像素，那么就会产生各种问题。

图3-24   图3-25

勾选white clamp（白裁切）后，Nuke会将画面中颜色数值大于1的像素的颜色数值变为1，该参数默认未勾选。注意，电影制作中允许部分像素的颜色数值大于1。

3.1.3 节点的通用参数

大部分节点都有channels参数，该参数主要用于控制哪些通道会被节点影响。因为Grade节点的channels参数默认为rgb，如图3-26所示，所以不会对alpha通道产生影响。

Multiply节点的channels参数默认为all（所有通道），如图3-27和图3-28所示，也就是说改变参数alpha通道会受影响。

图3-26

图3-27

图3-28

mix参数也是大部分节点都有的参数，如图3-29所示。这个参数主要用于控制节点的影响强度，参数值为1时表示100%影响，参数值为0时表示节点对画面不起任何作用。

除了控制节点的影响强度，还有参数用于控制节点的影响范围。Grade节点右侧有一条mask输入线，如图3-30所示。如果mask输入线连接alpha通道，则Nuke会根据alpha通道的黑白图形，控制节点只对画面的某个区域发挥作用，即alpha通道的白色区域被影响、黑色区域不受影响。

图3-29

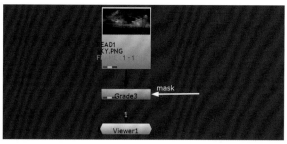
图3-30

3.1.4 实例：绘制alpha黑白图形

下面使用Roto节点，根据手动绘制的alpha黑白图形来验证alpha通道的影响范围。操作逻辑为"创建节点→连接节点→显示节点→调节参数"。

01 创建一个Roto节点，将Grade节点右侧的mask输入线拖曳出来并连接到Roto节点上，将Viewer节点连接到Grade节点上，如图3-31所示。

技巧提示 这里容易误操作，请务必注意逻辑关系。Roto节点提供alpha黑白图形，Grade节点需要提取这个alpha黑白图形，所以是用Grade节点的mask输入线去连接Roto节点。注意，Roto节点的输入线是闲置的，不用连接。在连接完成后，请仔细检查箭头的方向，防止连反。

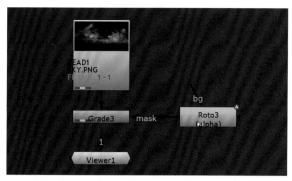
图3-31

02 这里先调节Roto节点再调节Grade节点。Roto节点是没有参数的，需要做的只是使用"曲线绘制工具" ✏ 绘制alpha黑白图形。双击Roto节点，绘制一个区域，因为区域内部会被影响，区域外部不会被影响，所以把需要调色的内容圈出来，如图3-32所示。

图3-32

03 调节Grade节点的参数。增大提亮画面的参数值，可以看到只有四边形内部（Roto节点的alpha通道白色区域）受到了影响，如图3-33和图3-34所示。

图3-33

图3-34

技巧提示 当Grade节点的mask输入线被连接后，该节点的属性面板中的mask参数会自动被激活，如图3-35所示。

图3-35

3.2 Merge节点的应用技巧

本节主要介绍Merge节点的应用技巧，包括叠加原理和使用模式。

3.2.1 叠加原理

Merge节点可以用来合并两个素材，如图3-36所示，默认的叠加原理有4种情况。

第1种： A覆盖在B上。

第2种： B连接主线，A连接分支。

第3种： B连接背景，A连接前景。

第4种： B连接大的画面，A连接小的画面。

Merge节点的A、B输入线连接其他节点后，节点左侧会出现新的黑色三角形，如图3-37所示。这个时候可以拖曳出隐藏的其他输入线，如隐藏的A2输入线，如图3-38所示。

图3-36

图3-37

图3-38

技巧提示 在合成工作中一般不使用隐藏输入线，根据约定的制作法则，一个Merge节点只可以连接两个素材。因此，如果看到Merge节点上出现了A2输入线，那么一定是误操作了，这个时候需要断开所有线段，重新连接A、B输入线。

Merge节点上同样有mask输入线，如图3-39所示，它的功能和Grade节点的mask输入线一样，用于控制节点的影响范围，让画面A的某一部分叠加在画面B上。

当mask输入线连接alpha通道时，Merge节点的叠加原理改变为"根据mask输入线连接的alpha通道进行叠加，alpha通道白色区域的画面A盖在完整的画面B上"，如图3-40和图3-41所示。

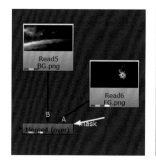
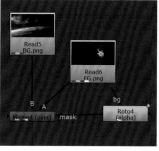

图3-39　　　　　　　　　图3-40　　　　　　　　　　　图3-41

这里的mix参数用于控制A叠加在B上的强度，相当于控制A的透明度，1表示100%叠加，如图3-42所示。

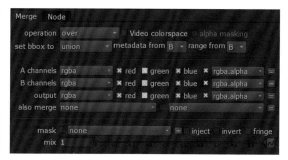

图3-42

技巧提示 Merge节点是使用mix参数比较多的节点，其他节点很少用到mix参数。

3.2.2 使用模式

Merge节点的属性面板中的operation参数用于修改叠加模式，默认叠加模式为over，表示A盖在B上。将这个参数的下拉列表展开，可以看到里面还有很多叠加模式，如图3-43所示。大部分的叠加模式是用不到的，读者只需要熟悉常用的即可。

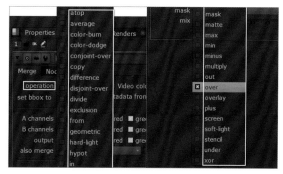

图3-43

1.mask叠加模式

将Merge节点的operation参数设置为mask，如图3-44所示。mask叠加模式主要用于抠像，保留画面中的某个区域，原理为"取A的alpha黑白图形为B抠像，保留alpha的白色区域，去掉黑色区域"。

图3-44

技术专题：使用mask叠加模式抠像的两个操作要点

在使用mask叠加模式进行抠像的时候要注意以下两个操作要点。

第1个：A输入线需要连接一个有alpha通道的节点，可以使用Roto节点手动绘制范围，如图3-45所示。

第2个：B输入线需要连接被用于抠像的画面，如图3-46所示。

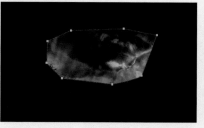
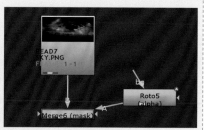

图3-45　　　　　　　　　　图3-46

使用mask叠加模式抠像的原理与使用Copy+Roto+Premult节点抠像的原理类似，即使用Roto节点完成抠像操作，如图3-47所示。

虽然两者的结果类似，但原理还是有区别的。很多原始素材，特别是实拍素材，默认是没有alpha通道的。

Copy节点的原理是替换alpha通道，新的结果肯定拥有正确的alpha通道。

Merge节点的mask叠加模式是直接限制裁切画面范围的。如果原始素材没有alpha通道，那

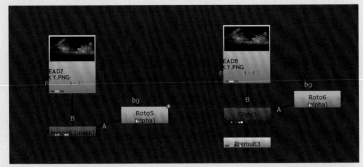

图3-47

么结果也不会有该通道；如果原始素材有alpha通道，那么Merge节点同样会按照mask范围裁切alpha范围；这时候的结果会和Copy节点的结果完全一样。

因此，在工作中需要使用Roto节点抠像时，如果原始素材有alpha通道，那么可以使用Merge节点的mask叠加模式进行抠像，节点更简洁，操作更方便；如果原始素材没有alpha通道，那么在使用Merge节点默认的over叠加模式进行叠加时颜色会出错，此时建议节点使用Copy节点，在抠像的同时顺便添加alpha通道。

2.stencil叠加模式

掌握mask叠加模式后就能轻松地理解stencil叠加模式了，如图3-48所示，因为它与mask叠加模式相反，虽然同样用来抠像，但是是去除画面中的某个区域，原理为"取A的alpha黑白图形为B抠像，去掉alpha的白色区域，保留黑色区域"。

图3-48

3.3 Transform节点和Blur节点

本节主要介绍控制位置变化、缩放变化、旋转变化和模糊对象的相关节点。

3.3.1 Transform节点

Transform节点主要用于变化画面，例如移动、旋转和缩放画面等操作，如图3-49所示。该节点的参数比较多，通常情况下只会用到3个参数，即translate（位置）参数、rotate（旋转）参数和scale（缩放）参数，如图3-50所示。

图3-49

图3-50

默认情况下，Transform节点的sacle参数用于等比例缩放。单击scale参数右侧的"2"按钮，会展开相关参数，可以在其中单独设置w（宽度）和h（高度）方向上的缩放比例，如图3-51和图3-52所示。如果再次单击"2"按钮，那么可以恢复为等比例缩放。

图3-51

图3-52

打开Transform节点的属性面板时，视图窗口中有一个控制手柄。对控制手柄进行操作可以移动、旋转和缩放画面等。注意，鼠标指针在控制手柄的不同位置，鼠标指针形状会发生变化，功能也不同。

当鼠标指针在控制手柄中心时，可以拖曳以修改位置，如图3-53所示。

当鼠标指针在控制手柄外侧的圆上时，可以拖曳来进行等比例缩放，如图3-54所示。

当鼠标指针位于控制手柄右侧的横线边缘时，可以拖曳来修改旋转角度，如图3-55所示。

图3-53   图3-54   图3-55

技巧提示 在刚开始学习时建议初学者使用属性面板中的参数来调节，这样有利于熟悉参数。如果使用后想关闭控制手柄，那么需要单击×按钮，如图3-56所示，关掉Transform节点的属性面板。

图3-56

3.3.2 Blur节点

下面介绍Blur（模糊）节点，如图3-57所示，其属性面板如图3-58所示。这里重点关注size（尺寸）参数即可，它主要用于控制模糊强度，剩下的参数大多是节点的通用参数。

图3-57   图3-58

3.4 通道

通道是合成的重要依据，要掌握合成技术，必须要熟悉通道。本节主要介绍通道的原理和操作技巧。

3.4.1 通道原理分析

Copy节点是用于处理通道的节点，如图3-59所示。Copy节点可以替换素材的alpha通道，即取A输入线连接的素材的alpha通道替换到B输入线连接的素材上。

图3-59

在学习通道技术之前，读者需要掌握一些通道的理论知识。常规图像中的每个像素上有一组颜色信息，即（R，G，B），这些颜色信息需要放在一个载体中，这个载体就叫"颜色通道"。

为了方便讲解，我们可以将"颜色通道"理解为3个瓶子，里面装有不同的颜色信息，红色瓶子（R）中装着红色信息，绿色瓶子（G）中装着绿色信息，蓝色瓶子（B）中装着蓝色信息，如图3-60所示。

现在将3个瓶子放在一个盒子中，这个盒子就可以理解为"图层"，RGB通道所在的图层即为"RGB图层"或"颜色图层"，如图3-61所示。

| 图3-60 | 图3-61 |

颜色信息和载体是可以分离的，即可以把某个颜色信息放在任意瓶子中，如图3-62和图3-63所示。当需要寻找某个颜色信息时，操作逻辑是"确定是哪个素材→找到所在盒子（图层）→找到对应的瓶子（颜色通道）→找到颜色信息"。

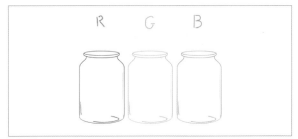

| 图3-62 | 图3-63 |

3.4.2 替换通道信息

现在再来看看Copy节点，如图3-64所示。根据上述原理，使用Copy节点在替换alpha通道时，相当于将B输入线连接的素材的alpha通道瓶子中的信息倒掉，然后将另一个信息装进来。属性面板如图3-65所示。

图3-64

图3-65

对于图3-66所示的属性面板，Copy channel右侧的参数依次表示从A输入线连接的素材中取出通道信息，放在B输入线连接的素材的某个通道中。按照"素材→图层→通道→信息"，默认情况下左侧的参数rgba.alpha表示提取A输入线连接的素材的rgba图层中alpha通道内的信息；右侧参数rgba.alpha表示将前面提取的信息放在B输入线连接的素材的rgba图层中的alpha通道。

图3-66

如果需要将A输入线连接的素材的绿色信息放在B输入线连接的素材的红色通道中，即用绿色信息替换输出的红色信息，那么需要进行如下设置，如图3-67所示。

第1步： 在左侧下拉列表中选择rgba.green，即提取A输入线连接的素材的rgba图层中绿色通道内的信息。

第2步： 在右侧下拉列表中选择rgba.red，即将提取的信息放在B输入线连接的素材的rgba图层中的红色通道。

图3-67

> **技巧提示** 1.可以使用Copy节点来替换alpha通道的操作，原理是取A替换到B。
>
> 2.通道信息和载体是可以分开的，其他通道信息都可以使用类似的方法进行替换。

3.4.3 Shuffle节点

这里拓展讲解一个和Copy节点相似的节点——Shuffle（通道重组）节点，它用于提取某一个通道的信息来替换给另一个通道，如图3-68所示。相对来说，Shuffle节点的操作更灵活，主要功能有3个。

图3-68

第1个： 可以在一个素材中（只连接输入线B）取某个通道信息，放置到同素材的其他通道中。

第2个： 可以关闭某个通道，让其变为黑色或设置为全屏的白色信息。

第3个： 如果有两个素材（输入线A、B分别连接素材），那么可以在两个素材的所有通道中任意挑选信息，提供给输出结果的通道。

1.参数解析

与Copy节点类似，Shuffle节点的属性面板左侧的Input Layer表示提取信息，右侧的Output Layer表示输出结果，如图3-69所示。

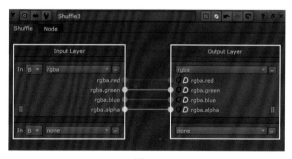

要找到一个信息，需要按照流程"确定素材→找到图层→找到通道→找到信息"来操作。Input Layer下面的In右侧有B和rgba两个参数，其中In表示提取，B表示B连接线连接的素材，rgba表示该素材的rgba图层，如图3-70所示。当设置好图层后，属性面板中会显示图层中的所有通道，如图3-71所示。

图3-69

现在来看一下右侧输出结果的参数。在输出结果中不用选择素材，默认情况下图层为rgba图层，4个通道也显示在下方，如图3-72所示。

从当前的参数信息可以看出，红色通道连接了红色通道，绿色通道连接了绿色通道，蓝色通道连接了蓝色通道，alpha通道连接了alpha通道，如图3-73所示。因此当前操作为取同一个素材的rgba图层中红色、绿色、蓝色、alpha通道的信息，输出给rgba图层中对应的红色、绿色、蓝色、alpha通道。

图3-70　　　　　图3-71　　　　　图3-72　　　　　

图3-73

> **技巧提示** 目前从图3-73所示的参数来看，没有进行任何替换。这里只是讲解了相关参数的原理，在后续的讲解中会针对不同情况讲解操作方法。

2.只连接一个素材时的通道重组操作

如果Shuffle节点只连接了一个素材，如图3-74所示，那么如何提取素材中的红色信息，输出给自己的绿色通道呢？

01 按照需求找到要提取的信息。从节点图可知，素材连接在B输入线上，因此在In右侧下拉列表中选择B，然后选择rgba图层，找到rgba.red，如图3-75所示。

图3-74

02 设置输出信息，也就是找到对应的瓶子。选择rgba图层，然后找到rgba.green，如图3-76所示。

03 因为要"取红色信息放到绿色瓶子中"，所以将左侧的rgba.red连接到右侧的rgba.green，保持其他连接不变，如图3-77所示。

图3-75   图3-76   图3-77

> **技巧提示** 注意，一个信息是可以放入多个瓶子（通道）中的，但是每个瓶子（通道）只能容纳一个信息。

3.赋予通道白色信息或黑色信息

除了通过连线输出信息，还可以直接为通道设置白色信息或黑色信息。这也是Shuffle节点常用于为没有alpha通道的素材设置全屏白色的alpha通道的原因。

在输出部分中找到黑、白色图标，如图3-78所示，单击rgba.alpha左侧的白色图标，将其激活，如图3-79所示。现在素材就有了一个全屏白色的alpha通道，如图3-80所示。

图3-78

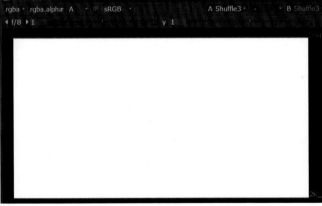

图3-79   图3-80

> **技巧提示** 如果单击黑色图标，那么所在通道就会变成黑色，相当于关闭了某个通道。

4.两个素材的通道重组

Shuffle节点的B输入线连接素材后，节点左侧会出现隐藏的A输入线，如图3-81所示。这个时候将A输入线连接到另一个素材，如图3-82所示。

图3-81   图3-82

下面用Shuffle节点模拟Copy节点的默认效果，即提取
A输入线连接的素材的alpha通道信息替换B输入线连接的
素材的alpha通道信息。因为需要修改的是B输入线连接的
素材的alpha通道，所以保持默认连线不变，以免影响其他
通道，这里考虑使用下方的第2组参数找到需要的信息，如
图3-83所示。

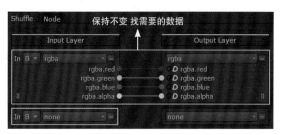

图3-83

在第2组参数中设置素材为A输入线连接的素材，然后
选择rgba图层，接着找到rgba.alpha通道，如图3-84所示。因
为这里需要提取A输入线连接的素材中的rgba.alpha通道信
息去替换B输入线连接的素材中的rgba.alpha通道信息，所以
需要将A输入线连接的素材中的rgba.alpha通道连接到输出
结果中的B输入线连接的素材中的
rgba.alpha通道，如图3-85所示。

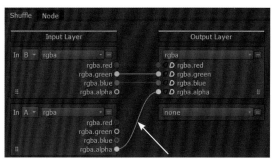

图3-85

图3-84

技巧提示 在使用Shuffle节点进行通道信息替换时，请注意以下3点。

第1点：提取信息的位置在左侧。

第2点：放置信息的位置在右侧。

第3点：从左到右连接线段，表示将左侧某个通道的信息放置在右侧某个通道中。

在寻找alpha通道信息时除了可以选择rgba图层，还可以直接选择alpha图层，如图3-86所示，这
两个图层都包含alpha通道信息。

图3-86

3.4.4 Premult节点的原理

在使用Shuffle节
点替换alpha通道后，
需要添加Premult节
点，让画面按照新的
alpha通道显示，如图
3-87和图3-88所示。

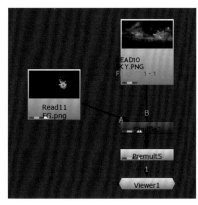

图3-87

图3-88

Premult节点的原理为"使用每个像素的颜色数值分别乘以每个像素的alpha通道数值"。alpha通道为白色时
数值为1，alpha通道为黑色时数值为0。因此，有以下两个结果。

第1个：颜色数值×1(alpha通道白色区域)=颜色数值，此时白色区域内的颜色不变。

第2个：颜色数值×0(alpha通道黑色区域)=0，此时黑色区域内的颜色消失，变为透明。

通过这样的计算就可以让颜色按照alpha通道的范围正确显示。注意，在使用Merge节点叠加时，如果出现下
面3种情况之一，画面是无法正确显示的。

第1种： 素材的颜色范围与alpha通道不匹配。

第2种： 素材没有alpha通道。

第3种： 素材的alpha通道数值大于1或小于0。

> **技巧提示** 通道部分的内容比较多，建议初学者刚开始学习时大致浏览一遍，了解即可。不需要强行记下来，在后续的操作中通过不断查阅和操作去理解，这样学习起来才会比较轻松。

3.5 Roto节点和RotoPaint节点

本节主要介绍Roto节点和RotoPaint节点的使用方法。

3.5.1 Roto节点

使用Roto节点可以绘制alpha黑白图形，并且可以搭配其他节点使用，多用于辅助各种mask（遮罩）操作，即通过Roto节点和alpha黑白图形控制影响区域。Roto节点如图3-89所示。

图3-89

1.Roto绘制的规范步骤

下面按照"创建节点→连接节点→显示节点→调节参数（绘制图形）"这一操作流程来讲解Roto绘制的规范步骤。

第1步： 创建出Roto节点和相关辅助节点，这里以Merge节点为例。

第2步： 在Roto节点下方使用其他节点连接画面和Roto节点。

第3步： 将Viewer节点连接在带有画面信息和Roto信息的节点上（最下方的Merge节点）。

第4步： 因为Roto节点没有参数，所以需绘制出需要的图形。

这里读者会有疑问：为什么要把Viewer节点连接在最后再进行绘制？

这样可以防止出错。如果Viewer节点连接原始素材，显示节点时只能读取到画面，虽然能在视图窗口中看到Roto图形，但是节点线路没有经过Roto节点，如图3-90所示。这样绘制完成后的Roto线的位置可能会不准确。

为了避免出错，在绘制之前需要把其他辅助节点连接好，将Viewer节点连接在同时带有画面信息和Roto信息的节点，如图3-91所示。

在绘制Roto图形时如果没有alpha通道，则显示Merge结果时画面会变成黑色，这时候可以临时关闭Merge节点。选中Merge节点，按D键将其关闭，然后将Viewer节点连接在Merge节点上，接着绘制Roto图形，绘制好后选中Merge节点，按D键将其打开。Merge节点的关闭效果如图3-92所示。

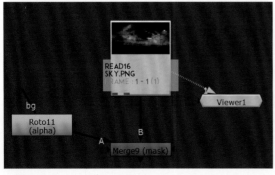

图3-90

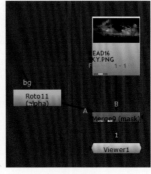

图3-91

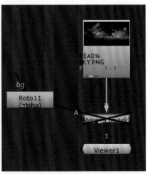

图3-92

2.Roto抠像的几种节点连接方式

图3-93所示的4种连接方式都可以实现相同的抠像效果。读者应该注意到,笔者没有使用Roto节点的输入线直接连接素材画面来进行抠像。如果使用Roto节点的输入线直接连接素材画面,那么不仅抠像效果是一样的,而且还能节省节点,为什么不这样操作呢?

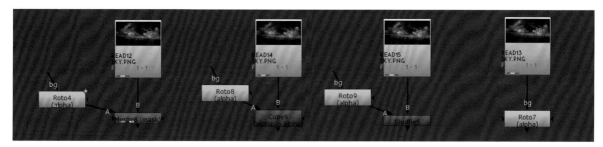

图3-93

因为如果这样操作,虽然节省了节点,但需要修改烦琐的参数,大大增加了复杂程度,初学者在使用时非常容易出错。

3.使用Roto工具

下面讲解如何使用Roto工具绘制图形。

01 绘制图形。选择"曲线绘制工具" ,在画面中单击,添加一个尖角点,然后拖曳,绘制出一个圆角点,如图3-94所示。

02 绘制完成后选择"选择工具" ,这时候可以调节每个点的位置,也可以利用控制圆角点的控制手柄来设置弧度,如图3-95所示。

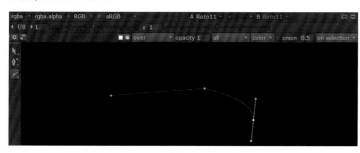

图3-94

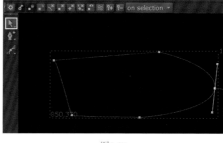

图3-95

在一个Roto节点中可以绘制多个图形,每画完一个图形都会在属性面板下方显示一个Bezier图层,如图3-96所示。

在大部分初级阶段的案例中,建议读者使用一个Roto节点绘制一个图形即可,图形为一个首尾相连的封闭图案。另外,在属性面板中也建议只显示一个Bezier图层,如果在属性面板中看到多个Bezier图层,请务必及时检查是否操作有误。如果需要删除多余的Bezier图层,则可以在不需要的Bezier图层上单击鼠标右键,然后选择Delete,如图3-97所示。

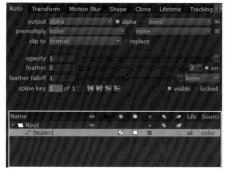

图3-96

图3-97

4.注意关键帧

在使用Roto工具绘制图形时，Nuke会在时间滑块的当前帧添加关键帧，用于记录图形的形态。

如果在时间线的第1帧处绘制一个矩形，则时间线上的第1帧处会出现一个蓝色标记，代表Nuke在这一个时间点记录了当前图形的形态，如图3-98所示。

将时间滑块移动到第20帧处，然后调整矩形顶点的位置，将其修改为一个三角形，那么在第20帧处也会出现一个蓝色标记，记录下在这个时间点图形的形态，如图3-99所示。播放时可以看到Roto图形由一个矩形逐渐变成了一个三角形。

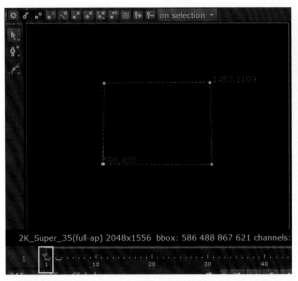

图3-98

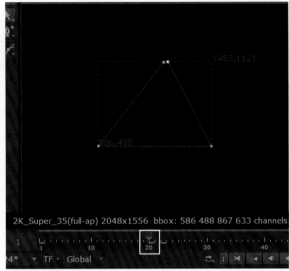

图3-99

技巧提示 上述演示的是一个简单的关键帧动画，蓝色标记就是关键帧，在确定两个关键帧后，Nuke会生成两个关键帧之间的动作。

我们可以通过此方法让Roto图形跟随画面运动，从而将需要的画面限定在区域内。如果制作的是常规的静态Roto图形，那么要记住首次绘制Roto图形的帧位置，方便在中途调整Roto图形时回到这一帧，避免在其他帧生成关键帧，因为只有一个蓝色标记（关键帧）是不会产生运动画面的。

如果出现多余的关键帧，那么可以将时间滑块拖曳至要删除的蓝色标记上，如图3-100所示，然后在属性面板中单击"移除关键帧"按钮 ，如图3-101所示。

图3-100

图3-101

技巧提示 这里说明一下另外3个按钮的作用，如图3-102所示。

"上一个关键帧"按钮 ：让时间滑块定位到上一个关键帧。

"下一个关键帧"按钮 ：让时间滑块定位到下一个关键帧。

"插入关键帧"按钮 ：在时间滑块所在的位置添加一个新的关键帧。

图3-102

对于初学者来说，这里比较容易犯的一个低级错误是画面中有Roto线滑动的痕迹。这是因为在调节Roto图形的形态时有多余的关键帧。这个时候可以查看Roto节点的属性面板中关键帧数量参数，如图3-103所示。这个数字表示当前节点一共有多少个关键帧。如果是静态Roto图形，则1为正常。如果大于1，那么说明有多个关键帧，这时候Roto图形就会运动，需要删除多余的关键帧。

图3-103

3.5.2 RotoPaint节点

这里介绍一个与Roto节点类似的节点——RotoPaint（擦除）节点，如图3-104所示，其快捷键为P键。RotoPaint节点包含Roto节点的功能，工具栏里也有"曲线绘制工具" ，如图3-105所示。

RotoPaint节点的属性面板与Roto节点的属性面板比较相似，如图3-106所示。该节点主要使用输入线去连接画面，如图3-107所示。

图3-104　　　　　　图3-105　　　　　　　　　　　　图3-106　　　　　　　　　　　　图3-107

1.克隆工具

RotoPaint节点的重点是"克隆工具" ，该工具主要用于对画面进行修补擦除，类似于Photoshop中的"仿制图章工具" 。双击RotoPaint节点，在节点的工具栏中找到"克隆工具" ，如图3-108所示。选择"克隆工具" 后，在视图窗口中按住Shift键，然后拖曳修改画笔大小。

下面在视图窗口中按住Ctrl键并拖曳，绘制出两个圆形，如图3-109所示。对比一下两个圆形，较小的"＋"的区域属于采样区域，较大的"＋"的区域属于画笔区域。

图3-108　　　　　　　　　　图3-109

此时在画笔区域中按住鼠标左键，然后拖曳进行绘制，采样区域的画面会在画笔区域中被绘制出来，如图3-110所示。这样就可以使用已有画面覆盖不想要的区域，例如这里擦除右侧的牌子，如图3-111和图3-112所示。

图3-110　　　　　　　　　　　图3-111　　　　　　　　　　图3-112

2.节点属性

和Roto节点类似，使用RotoPaint节点绘制一下，属性面板中就会记录一个图层，如图3-113所示。同样，读者可以删除多余的图层。

每个图层右侧的Life（生命）中会显示当前图层在哪一帧有效果，如图3-114所示，表示使用RotoPaint节点绘制图形时只在绘制时所在的帧有效，在其他帧是看不到的。

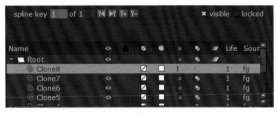 

图3-113　　　　　　　　　　　　　　　　　　　图3-114

如果想让图层在所有帧都有效果，则可以单击Life中的数字，然后在弹出的下拉菜单中选择all frames（所有帧），如图3-115所示。

如果要修改多个图层Life中的数字，则可以框选所有需要修改的图层，然后单击其中一个Life中的数字，在弹出的下拉菜单中选择all frames，如图3-116所示。

图3-115　　　　　　　　　　　　　　　　　　　图3-116

技巧提示 Roto节点和RotoPaint节点都是合成中的重要节点，在后面会详细介绍。

3.6 控制时间和播放节奏

本节主要介绍在合成中控制时间和播放节奏的技法，其中，变速原理是合成中的重中之重。

3.6.1 Retime节点

变速操作是合成工作的一种，变速操作中比较基础的节点是Retime节点，如图3-117所示，它有两种使用方法。

第1种： 只修改一个参数——speed（速度），如图3-118所示。speed参数值默认为1，表示1倍速度，即没有任何改变；将其设置为2，表示2倍速度，即加速；将其设置为0.5，表示1/2倍速度，即减速。

第2种： 设置变速范围。input range（输入的帧数范围）参数用于指定所连接素材的第几帧至第几帧，默认为1～50帧；output range（输出变速结果的帧数范围）参数用于指定所连接素材的第几帧至第几帧，默认与input range参数保持一致，相当于没有做任何改变，如图3-119所示。

图3-117　　　　　　　　　　　图3-118　　　　　　　　　　　图3-119

1.加速

如果要实现2倍加速效果，应该如何操作呢？

设置input range参数为素材的全部帧数范围,即1~50帧,设置output range参数为1~25帧,如图3-120所示。当前的参数设置表示将原本50帧的素材用25帧的时间播放完,所以需要更快的速度,也就是加速操作。

图3-120

技巧提示 在修改数字前需要单击数字右侧的方块,以激活参数,这样才可以修改数字。细心的读者应该可以发现speed参数值自动变成了2,说明当前为2倍速度,如图3-121所示。

图3-121

2.减速

减速就是让素材播放得更慢,也就是需要更多的时间来完成播放。那么如何设置减速一半呢?

同样设置input range参数为1~50帧,表示需要用50帧的时间完成播放,设置output range参数为1~100帧,让素材用100帧的时间完成播放,speed参数值会自动变为0.5,如图3-122所示。

图3-122

3.帧偏移

使用Retime节点还可以让时间偏移。例如向后偏移10帧,也就是晚10帧再开始播放内容,同时也晚10帧结束播放。这里仍然取素材的1~50帧内容,然后设置output range参数为11~60帧,speed参数值无变化,表示播放速度不变,如图3-123所示。

图3-123

技巧提示 后面的before(之前)参数和after(之后)参数分别控制输入的帧范围之前和之后会显示什么画面,默认为hold(保持)时表示始终显示首帧和尾帧画面,如图3-124所示。

展开下拉列表,比较常用的还有loop(循环播放)和black(黑色/关闭画面),如图3-125所示。

图3-124

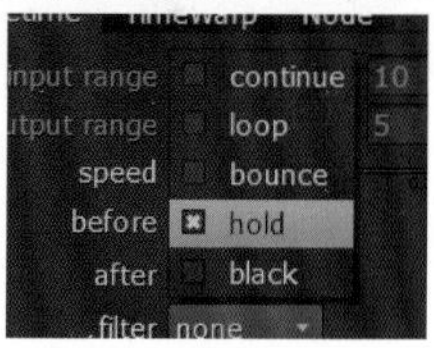

图3-125

3.6.2 变速原理

本小节介绍变速原理。

1.变速原理

Nuke是如何实现变速的呢?主要涉及时间、速度和路程(帧数长度)的关系,即"速度×时间=路程"。

速度: 这个值是固定的,可以简单地理解为播放速度,即每秒会播放多少帧(张)的画面是固定的。

时间: 时间是有设定要求的。变速要求为2倍速度,表示所用时间为正常播放所需时间的一半;变速要求为1/2倍速度,表示所用时间为正常播放所需时间的2倍。

路程: 路程是可以修改的。之所以这一系列操作叫作变速,是因为通过修改"路程"得到了需要的时间。

通过前面论述，可以得到减速和加速的原理。

减速： 播放速度不变，增加路程，时间更长。

加速： 播放速度不变，减少路程，时间更短。

那么"路程"是如何变化的呢？

假设素材长度为10帧，相当于有10张图片（10个画面），如果每帧播放1个画面，那么需要10帧的时间。现在需要实现2倍速播放，也就是用一半的时间（5帧时间）来完成播放，但是每一帧只能显示1个画面，也就是5帧时间只能播放5个画面。为了解决这个问题，Nuke会丢掉一些画面，只播放第2帧、第4帧、第6帧、第8帧和第10帧的画面，即缩短了路程，画面看起来就是一个快放的状态。

2.变速类型

在设置加速后，Nuke会丢掉一些画面来实现加速播放效果，那么减速呢？例如设置1/2倍速度，原本需要10帧时间播放完的素材需要20帧时间才能播放完，按照设定的每帧只能播放一个画面且必须有一个画面，那么20帧需要20个画面，但是素材只有10个画面，渲染画面数是不够的。

Nuke针对减速设置下画面数量不够的情况，提供了3种解决方法。

第1种： 帧采样，即将每个画面用两次。如果按序号排列，原本1～10的画面，会被处理为1、1、2、2、3、3、4、4、5、5、6、6、7、7、8、8、9、9、10、10，共20个画面，画面部分编号演示如图3-126所示。这样就可以增加"路程"，补充中间缺少的画面，实现减速效果。

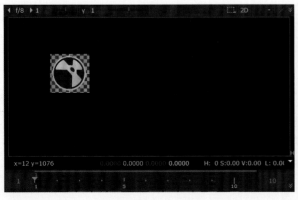

图3-126

> **技巧提示** 这种方法有一个缺点，那就是每个画面用了两次，可能会出现画面卡顿的现象。

第2种： 帧融合。取相邻的两个画面各50%的透明度叠加在一起，让它们变成一个新的画面，作为两帧之间的中间帧，编号形式为1、1和2、2、2和3、3、3和4、4、4和5、5、5和6……画面部分编号演示如图3-127所示。

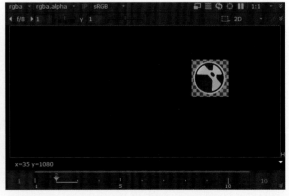

图3-127

> **技巧提示** 虽然这种方法解决了卡顿现象，但因为前后两个画面叠加，所以容易出现重影效果，且运动速度越快，重影越明显。

第3种： 光流法。Nuke会根据前后两个画面的像素运动情况计算出中间帧的画面，编号形式为1、1.5、2、2.5、3、3.5、4、4.5、5、5.5……

这里说明一下光流法的原理。第1帧时图案在画面的左侧，如图3-128所示。第2帧时图案在画面的右侧，如图3-129所示。

图3-128

图3-129

在进行减速设置时，Nuke会根据两帧的图案变化进行计算并生成中间帧（1.5帧）的画面，中间帧的效果如图3-130所示。

光流法虽然比较智能，但是如果两帧的画面变化比较大，那么计算结果就会不准确，生成的中间帧的画面会扭曲变形，如图3-131所示。

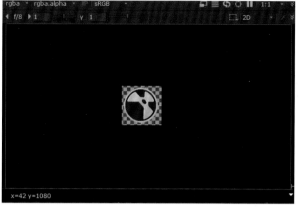

图3-130

图3-131

在合成制作中，如果是进行加速设置，那么建议使用帧采样方法，这样可以避免重影问题；如果是进行减速设置，那么建议使用光流法，这样可以避免卡顿和重影问题。

技术专题：如何解决Retime节点的加速重影问题

Retime节点默认使用帧融合方法，所以加速的地方可能会出现重影，如图3-132和图3-133所示。

建议每次使用时设置filter（过滤器）参数为none，以避免重影的出现，如图3-134所示。

图3-132

图3-133

图3-134

3.6.3 减速利器——Kronos节点

Retime节点是无法使用光流法实现减速的，因此进行减速操作时会使用另一个变速节点——Kronos节点，如图3-135所示。

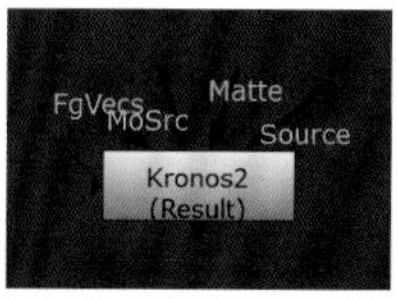

技巧提示 要使用Kronos节点，需要使用NukeX。

图3-135

1.操作步骤

操作思路为"连接节点→拾取素材帧数→设置变速（两种调节模式）→选择变速模式"，下面具体说明操作步骤。

01 连接节点。如果遇到有多个输入线的节点，可以先将Viewer节点连接到素材，然后将Kronos节点放到节点线中，让节点自动连接并选择合适的输入线，如图3-136所示。当前自动连接的是Source输入线，如图3-137所示。

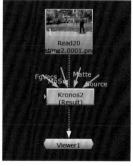
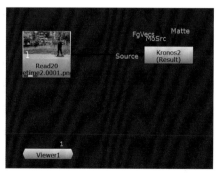

图3-136

图3-137

02 拾取帧数。单击属性面板中的Reset（重置）按钮 Reset ，如图3-138所示，识别所连接素材的帧数范围。

03 设置变速。设置Output Speed（输出速率）参数，这里默认为0.5，如图3-139所示，表示当前节点的效果是减速。

04 选择变速模式。在Method下拉列表中选择不同的减速模式，默认为Motion（光流法），如图3-140所示。除了Motion，还有Blend（帧融合）和Frame（帧采样）两种模式。

图3-138

图3-139

图3-140

> **技巧提示** 虽然在前后帧画面差别太大时使用光流法容易造成画面扭曲，但在工作中合成师会使用擦除技术对有问题的画面区域进行修复。

2.另一种设置变速的方法

这种方法就是通过设置帧控制指定帧显示的画面，设置Timing（定时）参数为Frame，即可切换到这种方法，如图3-141所示。操作原理比较简单，直接在时间线上设置显示素材哪一帧的画面（原始素材画面所在的帧数）即可。

01 假设这里要进行2倍加速，将时间滑块移动到第1帧处，如图3-142所示。

02 因为第1帧时应该显示素材的第1帧，所以设置Timing参数下的Frame参数为1，表示在当前选择的第1帧处显示素材的第1帧，如图3-143所示。

图3-141　图3-142　图3-143

> **技巧提示** 这里都是第1帧，读者可能会有一些疑惑，下面简单解释一下。
> 在时间线上时间滑块所在的第1帧（步骤01）表示设置变速后的第1帧，属性面板中Frame参数的1表示提取素材第1帧的画面。

03 添加关键帧记录。单击数字，在下拉菜单中选择Set key（设置关键帧），如图3-144所示，记录下当前时间和需要显示的画面。此时时间线的第1帧上会有标记，如图3-145所示。

04 拖曳时间滑块至第5帧处，这时应该完成播放了，因此显示出素材最后一帧的画面，设置Frame参数为10(素材的第10帧)，如图3-146所示。设置完成后使用Set key记录关键帧，Nuke就会自动计算，在第1帧播放素材的第1帧画面，在第5帧播放素材的第10帧画面，然后自动对中间的内容进行加速播放。

图3-144　图3-145　图3-146

> **技巧提示** 在实际工作中，加速和减速都以1为分界线，大于1即加速，小于1即减速。
> 光流法对计算机硬件配置要求较高。对于容易产生卡顿现象的节点，其属性面板中都会有显卡加速的参数——Local GPU，如果读者的显卡不支持该加速模式（GPU渲染），那么就会报错，这个时候可以关闭加速模式。
> 对于节点的学习，笔者建议读者掌握核心节点后再扩展学习其他节点。Nuke的核心节点不到10个，常用节点大概有30个，掌握这些常用的节点就能够完成大多数的合成工作了。

第 **4** 章

光效合成
技术特训

上一章介绍了Nuke中核心节点的用法，本章将利用这些节点来制作一个光效合成案例。本案例将模拟Nuke工程的具体操作流程和详细的合成步骤，帮助读者熟悉节点的调节思路和合成项目的设计思路。

4.1 核心知识应用

本节将进行案例制作的准备工作，结合前面介绍的知识，准备合成前的节点和素材。

4.1.1 准备工作

案例效果如图4-1所示，播放时苹果会随手的动作的变化
而变化，由完整苹果变成苹果核。

1.导入素材

01 导入5个素材，如图4-2所示。

图4-1

02 因为目前还没有设置工程，所以当素材长度和工程帧数长度不一致时可以切换到以素材长度播放，方便观看。
在时间线左下方将Global替换为Input，如图4-3所示。

图4-2

图4-3

> **技巧提示** Global表示按照工程设置的帧数范围显示时间线长度，Input表示按照当前所连接的素材的帧数显示时间线长度。
>
> 这里完全按照规范流程进行镜头制作，制作新镜头前的3个固定操作如下。
>
> 第1个：导入素材（已导入）。
>
> 第2个：按照主要素材设置工程，设置尺寸和工程时间线长度。
>
> 第3个：保存文件。

2.设置工程

5个素材的帧数和尺寸各不相同，需要把主要素材作为工程设置的标准。根据观察可以判断出，有实拍人物
的是主要素材，其他的都是特效素材。

01 双击主要素材（背景素材），如图4-4所示。查看参数：Format为root.format 1920×1080，即素材的尺寸为
1920×1080；Frame Range为1 hold 68 hold，即素材的长度范围为1～68帧，如图4-5所示。

图4-4

图4-5

02 进入工程设置面板，设置frame range参数为1～68，
并激活lock range，设置full size format参数为HD_1080
1920×1080，如图4-6所示。

图4-6

3.保存文件

保存文件时注意命名规范,这里建议使用"镜头名_组别(生产环节)_姓名(拼音简写)_版本号"的形式,如retime_CMP_linjy_v001,保存之后在属性面板设置最大显示数量为1。

4.1.2 思考分析

建议读者先思考再动手,即先观察素材,然后思考分析,接着定制方案,最后计划步骤。

01 观察主要素材,其动态效果为人物的手慢慢转动,如图4-7所示。

02 观察苹果素材,其动态效果为完整的苹果变为苹果核,苹果素材的尺寸和主素材一致,但其时间长度只有11帧,如图4-8所示。

 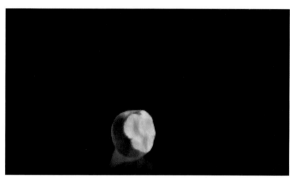

图4-7　　　　　　　　　　　　　　　　　　图4-8

03 观察圆盘素材,其动态效果为慢慢转动,尺寸为1000×1000,时间长度与主素材一致,如图4-9所示。

04 观察光效素材1,这个效果用于人物胸前,其尺寸和时间长度都与主素材一致,如图4-10所示。

05 观察光效素材2,这个效果用于人物手臂,其尺寸和时间长度都与主素材一致,如图4-11所示。

  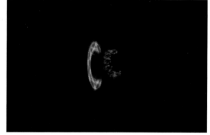

图4-9　　　　　　　　图4-10　　　　　　　　图4-11

结论

①主要素材是带有人物的实拍素材,把它当作背景,其他素材需要拼合到主要素材中。

②苹果素材只有11帧,需要做变速处理,并"卡"准手部动作节奏。

③背景素材中桌面上的钥匙扣需要擦除。

④其他光效素材需拼合到背景中。

技能

①变速。

②擦除。

③拼合。

4.1.3 变速

下面制作变速效果，即让苹果随手部动作的变化而变化。播放背景素材，观察运动规律，一共有68帧，其中第20~60帧内手有旋转动作，也就是需要让苹果素材在这个时间段内完成变化。

1.制作需求

①将苹果素材的变化范围由第1~11帧变为第20~60帧，即减速。

②在第20帧之前保持完整苹果不变，在第60帧之后保持苹果核不变。

2.使用Retime节点

使用Retime节点时，可以通过设置帧数范围实现变速，节点如图4-12所示。input range参数为第1~11帧，表示素材的默认范围为第1~11帧，根据制作需求设置output range参数为第20~60帧，并让speed参数的值小于1，实现减速，如图4-13所示。

图4-12　　　　　　　　　　　　　　　图4-13

> **技巧提示** before参数默认为hold，表示第20帧之前的内容都会锁定成首帧（第20帧）的画面；after参数默认为hold，表示让结尾锁定为尾帧（第60帧）的画面。这里还需要设置filter参数为none，避免产生重影效果，如图4-14所示。

图4-14

3.使用Kronos节点

如果有对帧数和对应画面的要求，没有对速率的要求，则可以使用Kronos节点的Frame模式，即为需要显示的画面创建关键帧动画来实现变速。使用Kronos节点连接素材，如图4-15所示，然后设置Input Range参数，如图4-16所示，接着设置Timing参数为Frame，即使用设置帧的变速模式，如图4-17所示。

图4-15　　　　　　　　　　　图4-16　　　　　　　图4-17

分析

设置公式为"在第N帧调节Frame参数，显示出需要看到的画面，记录关键帧"。根据变速要求，可以将整个过程划分为3段——静止、播放和静止，如表4-1所示。

表4-1

画面状态	静止	播放，苹果变化的动态	静止
原素材画面	第1帧	第1~11帧	第11帧
工程时间	第1~20帧	第20~60帧	第60~68帧
		⌐ 1 10 20 30 40 50 60 68	

通过表格分析可以发现有第1帧、第20帧、第60帧、第68帧这4个关键时间点，也能预见各个关键时间点的画面情况。因此接下来的操作就是在每个关键时间点调节Frame参数来得到需要的画面，然后添加关键帧。

步骤

01 关键时间点1：第1帧（首帧）。在工程时间第1帧的画面是完整苹果，所以这里提取苹果素材的第1个画面（第1帧），即设置Frame参数值为1，然后在参数上单击鼠标右键，选择Set key来开启关键帧记录，具体参数设置和关键帧效果如图4-18所示。

02 关键时间点2：第20帧。调节时间线上的时间滑块到工程时间的第20帧处，因为第20帧的画面也是静止状态，所以保持Frame参数值为1不变，同样单击鼠标右键，选择Set key，开启关键帧记录，如图4-19所示。

图4-18   图4-19

技巧提示 前20帧需要完整苹果的画面，所以Frame参数值是不变的。当然设置参数并开启关键帧记录后，每次修改数字，都会自动记录关键帧；如果没有进行参数值修改，可再次单击鼠标右键并选择Set key记录当前帧参数。

03 关键时间点3：第60帧。调节时间线上的时间滑块到工程时间的第60帧处，这时苹果应该刚好完成变化，因为苹果素材的结束时间为第11帧，即在第11帧变为苹果核，所以这里设置Frame参数值为11，如图4-20所示。

图4-20

04 关键时间点4：第68帧（尾帧）。调节时间线上的时间滑块到工程时间的第68帧处，保持Frame参数值为11不变，在参数上单击鼠标右键，选择Set key，开启关键帧记录，如图4-21所示。

图4-21

技巧提示 变速动作设置好以后，需要选择变速模式，把变速模式改成帧采样，设置Method参数为Frame，如图4-22所示。

图4-22

4.1.4 擦除

因为拍摄时没有苹果，所以用桌面上的钥匙扣标记苹果的位置，如图4-23所示，在制作效果的时候需要擦除钥匙扣。

创建RotoPaint节点，连接背景素材，如图4-24所示。在操作之前需要显示节点的画面，选中RotoPaint节点，按1键，显示RotoPaint节点的画面。

图4-23   图4-24

1.基础设置

在擦除操作之前需要对画笔参数进行设置。

双击RotoPaint节点，选择"克隆工具" ⊙ ，为了让笔触效果自然，需设置画笔的opacity（透明度）参数为0.05，选择all（全部帧），如图4-25所示。

⚙ ⚙ ▣ ■ ▾ ove ▾ opacity 0.05 ↓ size 25 ↓ ardness 0.2 ↓ build up ▾ all ▾ fg ▾ on

图4-25

默认笔触只在绘制那一帧有效果，改成all后，笔触在所有帧内都有效果。

2.设置画笔形态

这部分包含画笔大小、采样区域位置和画笔区域位置的设置。需要找和钥匙扣所在区域颜色相近的颜色作为采样颜色，然后根据擦除区域的颜色变化随时调节采样区域和画笔区域的相对位置。这里以图4-26所示的蓝色区域为例。

观察图4-27所示的区域划分。可选的采样区域为颜色相近的绿色方框区域，黄色方框区域太靠近边缘容易采样到其他颜色，红色方框区域的颜色差别大，不可取。

图4-26

图4-27

3.擦除操作

在操作的时候要先确定采样区域，然后调节画笔区域，以图4-28来进行说明。

第1步： 移动鼠标把采样区域对准图中黄色位置，按住Shift键使用鼠标中键并拖动，调节画笔大小。

第2步： 按住Ctrl键，使用鼠标左键并拖动，调节画笔区域，使其对准蓝色位置。

第3步： 单击，开始擦除操作。

图4-28

这里可以多尝试几次，感受如何才能擦得平滑自然，且尽可能保留桌面上原始的光影。

4.1.5 拼合

现在需要对擦除好的背景部分和变速好的苹果部分进行拼合连接，两个部分的节点分别如图4-29和图4-30所示。

图4-29

图4-30

根据Merge节点拼合规则，可以将两个部分当成整体，拼合两边的最终结果。每次拼合前一定要思考"谁是前景、谁是背景"，通过分析，B输入线连接擦除模块的结果，A输入线连接苹果变速模块的结果，如图4-31所示。播放效果，可以看到苹果和手部动作配合变化，如图4-32所示。

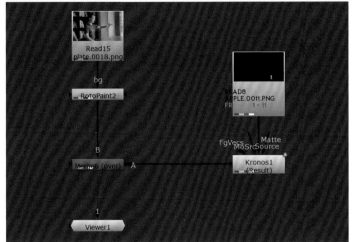

图4-31

图4-32

4.2　光效合成

目前素材的动作效果已经设置好了，接下来需要进行光效合成。本节主要介绍变换画面、调节颜色的方法和发光效果的制作方法。

4.2.1　弄清楚下一步该做什么

工程的总目标为叠加所有的素材到画面中，当前目标为叠加圆盘素材到画面中。这是比较明确的主要任务，下面按照计划进行制作。

01 新建Merge节点，将B输入线连接背景（包含背景画面的拼合结果），将A输入线连接圆盘素材，如图4-33所示。

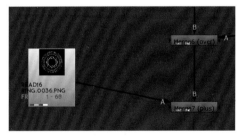

图4-33

02 圆盘是需要发光效果的，在叠加发光素材时将Merge节点的operation参数设置为plus（加），如图4-34所示。效果如图4-35所示，预期效果如图4-36所示。

图4-34

图4-35

图4-36

分析画面

第1点： 发光效果的大小和位置不准确，解决办法为使用Transform节点调节。

第2点： 发光效果的颜色不对，解决办法为使用Grade节点调节。

第3点： 参考结果有发光的感觉。

4.2.2 变换调节

变换调节的思路为"创建节点→连接节点→显示节点→调节参数"，使用的节点为Transform节点。

1.创建节点

单击空白位置，按T键创建一个Transform节点。

2.连接节点

需要操作哪部分就把Transform节点连接到哪部分的下方。在熟悉连接节点的操作后，可以不用先断开再连接，直接把节点拖曳到相应的节点线上，如图4-37所示。

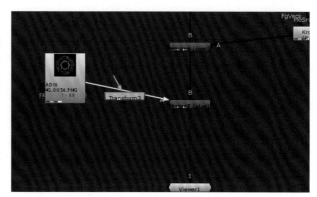

3.显示节点

将Viewer节点连接到合成的最终结果，便于观察画面。

图4-37

4.调节参数

01 将控制手柄拖曳到圆盘中心，为后面对圆盘进行调节做准备。因为圆盘素材的尺寸是1000×1000，如图4-38所示，所以中心点的坐标应为（500，500）。

02 直接修改center参数的x为500、y为500，如图4-39所示。

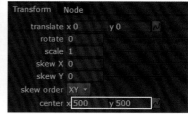

图4-38

图4-39

> **技巧提示** 因为圆盘素材尺寸和工程尺寸不统一，所以需在空白位置创建一个Transform节点，轴心会在工程的中心位置。如果先选中圆盘素材再按T键，则新建的Transform节点的中心点会在圆盘素材的中心位置，并且输入线会自动连接好圆盘素材。

03 观察画面，调节位置和缩放参数，让圆盘在手部位置，具体参数如图4-40所示，效果如图4-41所示。

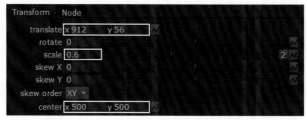

图4-40

图4-41

4.2.3 颜色调节

01 创建Grade节点，将其连接到工程中，如图4-42所示。

02 因为gain参数的效果和multiply参数的效果是完全一样的，所以可以用一个控制颜色，用另一个控制亮度。这里使用gain参数减去其他颜色的比例，使最终颜色偏绿，然后使用multiply参数调节亮度，如图4-43所示。

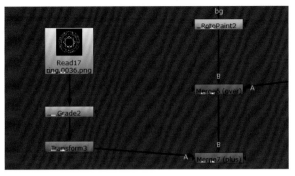
图4-42

图4-43

4.2.4 发光效果

01 创建Blur节点和Merge节点，将Blur节点的输入线连接给调节过颜色和大小的圆盘，如图4-44所示。

02 用Merge节点的A输入线连接光晕效果，B输入线连接工程结果，将Viewer节点连接到最新的合成结果，如图4-45所示。

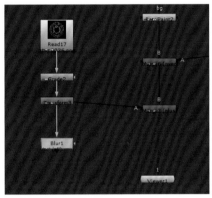
图4-44

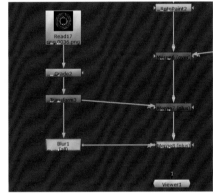
图4-45

03 设置Blur节点的size参数，加大模糊数值，模拟光晕效果，如图4-46所示。接下来设置Merge节点，把over叠加模式改为plus叠加模式，效果如图4-47所示。

图4-46

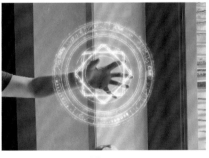
图4-47

4.3 关键帧动画

素材拼合完后需要配合画面中内容的运动。本节主要讲解关键帧动画的制作方法。

01 在translate参数右侧，用鼠标右键单击 按钮，在下拉菜单中选择Set key记录关键帧，这样可以同时记录translate的x和y两个参数，如图4-48所示。

图4-48

02 完成了第1帧的关键帧记录后，即可进行循环操作，寻找下一个需要添加关键帧记录的帧，拖曳时间线上的时间滑块，向后播放几帧，如果位置有明显偏移，就是增加了关键帧，如图4-49所示。记录效果如图4-50所示。

图4-49   图4-50

03 手是顺时针转动的，可以拖曳时间滑块，尝试增大和减小参数值，查看变化结果判断出顺时针转动应该增大参数值还是减小参数值。设置rotate参数值为-85，如图4-51所示。

图4-51

4.4 优化画面效果

目前的效果与预期效果还有一点差距，接下来需要调整一下画面效果，让合成效果看起来更加合理。

4.4.1 拼合所有素材

把剩余的两个光效素材添加到工程中，并使用Merge节点的plus叠加模式。这两个光效素材已经调节好了颜色和位置，不需要再做其他处理，如图4-52所示。

将所有素材都连接到一起，完成拼合操作，如图4-53所示。下一步是调节画面效果，让合成效果更真实，如图4-54所示。

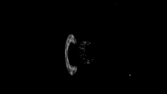

图4-52

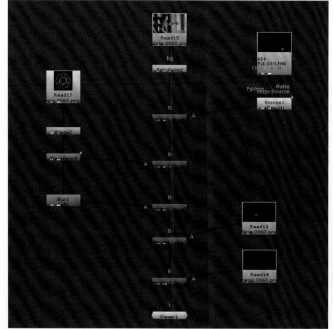

图4-53

图4-54

4.4.2 交互光处理

01 背景中、光效素材附近的区域需要提亮，即需要为背景调色，所以Grade节点应该添加在背景下方，如图4-55所示。

02 将Grade节点的multiply
参数值临时增大到2，注意现
在调整Grade节点整个画面
都会受到影响。创建Roto节
点，把Grade节点的mask输
入线连接到Roto节点上，如
图4-56所示。

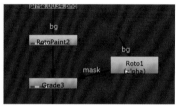

图4-55

图4-56

03 双击Roto节点，在需要添加交互光的区域画图形，这里不需要很严谨，可以粗略些。绘制之前增大Grade节点
的参数值，这样画好Roto图形后立马可以看到效果，如图4-57所示。

04 现在Roto图形区域内被
提亮，但是交界线非常明显。
画面中出现"硬边"是合成
大忌，需要调节区域使其更
柔和、自然。按住Ctrl键，拖
曳Roto图形的绘制点，拉出
虚边，如图4-58所示。

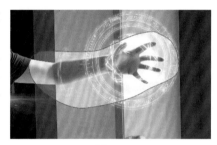

图4-57

图4-58

05 Roto图形会在实边和虚边中间产生一个过渡效果，此时效果还不够完美。创建一个Blur节点，连接到Roto节
点下方，如图4-59所示。增
大size参数值，如图4-60所
示，让Roto节点的alpha通道
进一步柔化。

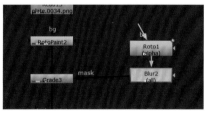

图4-59

图4-60

06 当前这个影响范围（Roto图形范围）大小和边缘过渡效果都比较合适，如图4-61所示。范围确定好后精确调
节Grade节点的参数，因为开始为了方便观察，画面设置得比较亮，所以此时需要调节亮度。由于光源是绿色的，
因此需要将这个区域的画面调节得偏绿，如图4-62所示。

07 绘制新的区域，增加交互光范围。双击之前创建的Roto节点，在桌面绘制第2个Roto图形，如图4-63所示。

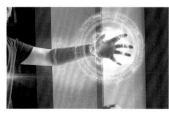

图4-61

图4-62

图4-63

4.4.3 获取通道

现在需要让图4-64中的标记区域呈现出白色，其他区域是黑色。这个结构比较复杂，使用Roto节点绘制有些麻烦，需要使用新的获取alpha黑白图形的节点。

01 这里创建一个Keyer节点，它可以按照画面亮度转换生成alpha通道，亮部区域是白色的，暗部区域是黑色的。连接擦除后的素材，如图4-65所示。显示Keyer节点，因为它的结果会显示在alpha通道中，所以需要把视图窗口调整至Alpha模式，如图4-66所示。

图4-64　　　　　　　　　　图4-65　　　　　　　　　　图4-66

02 画面中显示的是默认状态效果，不是理想的状态效果，这里需要将身体上亮部区域调成接近白色，其他区域都是纯黑色。调节手柄A和手柄B来控制对比度，如图4-67和图4-68所示。

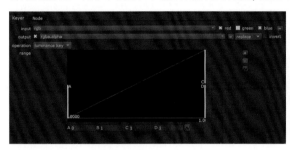

图4-67　　　　　　　　　　　　　　　　图4-68

03 画面中亮度高的区域的颜色被转化成alpha通道的白色，当前调节的是整个画面的亮度，这里只需要调节人身上的亮度，调节后的效果如图4-69所示。

04 新建Merge节点和Roto节点，为Merge节点设置mask叠加模式。B输入线连接画面，此处连接Keyer结果；A输入线连接alpha通道，此处连接新建的Roto节点，如图4-70所示。

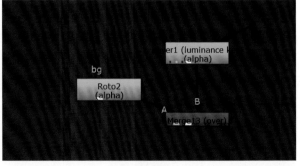

图4-69　　　　　　　　　　　　　　　图4-70

05 调节绘制区域，因为圈内的区域会被保留、圈外的区域会被去掉，所以将身体部分圈起来，如图4-71所示。

06 设置Merge节点，将over叠加模式改为mask叠加模式，这样就能看到保留的区域了，如图4-72所示。

| 图4-71 | 图4-72 |

07 在Roto节点下方添加Blur节点，增大size参数值，节点效果如图4-73所示，参数如图4-74所示。模糊后的效果如图4-75所示。

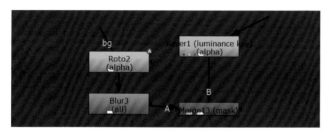

图4-73

图4-74

图4-75

08 回到RGB模式，如图4-76所示。创建Grade节点，将其连接到背景。把Grade节点的mask输入线连接到处理好的通道上，如图4-77所示。

图4-76

09 将Viewer节点连接到工程末端节点上，显示合成的最终结果，调节Grade节点的颜色，让影响区域内的画面亮一些和绿一些，如图4-78所示。

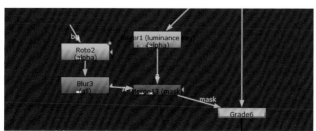

图4-77

图4-78

4.4.4 添加交互光的技巧

这里先解决一个问题，那就是之前制作合成时一直将Viewer节点连接在工程末端节点上，以便观看最终结果。现在需要单独显示圆盘的分支来观察一下效果，将Viewer节点连接到圆盘下方的Transform节点，如图4-79所示，查看移动后的圆盘效果。

此时会发现在视图窗口中无法查看到圆盘，因为圆盘素材的尺寸是1000×1000，而工程尺寸为1920×1080。为了匹配手的位置，将圆盘向右移动了，而移动之后便超出了1000×1000的画框范围。滚动鼠标滑轮缩小视图，可以看到画框区域右侧的虚线区域，这就是圆盘在当前画面中的位置，如图4-80所示。

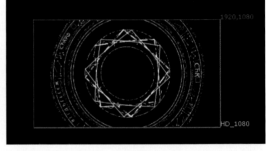

图4-79

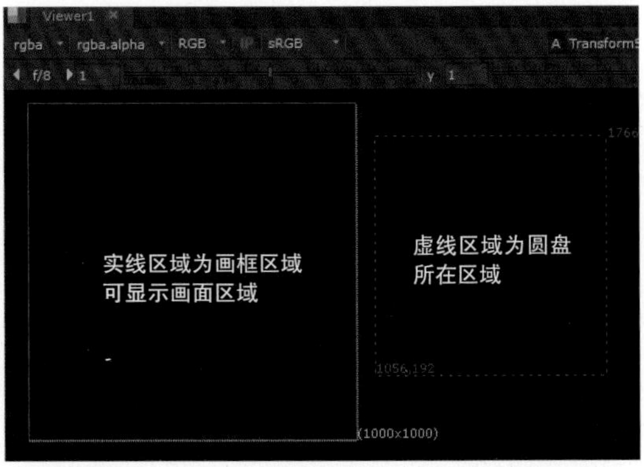

图4-80

当素材尺寸和工程尺寸不匹配时，容易出现看不到素材的情况。遇到这种情况，可以使用Reformat（重置格式）节点，将素材的画框尺寸匹配到工程尺寸。

1.匹配素材

01 创建Reformat节点，将其连接到素材下方，如图4-81所示，连接后画框尺寸会自动匹配工程尺寸，同时会自动缩放图像以匹配新的画框尺寸，如图4-82所示。

图4-81

图4-82

02 下面只需要修改画框尺寸，保持画面内容不变，关闭自动调整图像大小的功能。将resize type（调整大小类型）参数默认的width（已宽对齐画面）修改为none，取消勾选center（对齐中心点），如图4-83所示。修改画框尺寸但不改变画面内容的结果如图4-84所示。

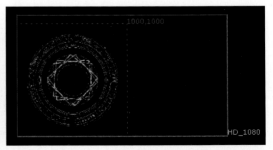

图4-83

图4-84

03 这时候就可以在视图窗口中看到移动后的圆盘了，如图4-85和图4-86所示。

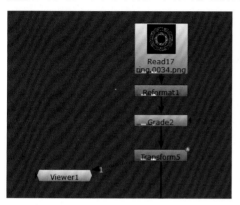

图4-85

图4-86

2.制作交互光

制作交互光的思路是使用Keyer节点，直接将圆盘的亮度通道转换成alpha通道，再将通道模糊柔化，这样可以得到需要调节的区域，最后使用Grade节点调色即可。因为需要添加交互光的区域是圆盘附近的区域，所以直接提取圆盘的区域并稍加处理，即可进行调色。这个方法的优点是得到的通道范围准确度高，不需要使用Roto节点设置关键帧。

01 获取通道。创建Keyer节点，将其连接到圆盘移动后的结果，如图4-87所示，将圆盘的亮度通道转换为alpha通道。

02 模糊通道。添加Blur节点，将其连接到Keyer节点之后，如图4-88所示，让alpha通道的模糊效果扩散，增加影响区域的面积，也让过渡更自然。设置Blur节点的size参数为200（拖曳滑块只能调整到100，这里需要手动输入200），如图4-89所示。

图4-87

图4-88

图4-89

03 检查通道。通过Viewer节点观看当前通道的画面效果，如图4-90所示。因为模糊效果会让颜色看起来变"弱"，所以需再次设置Keyer节点的参数，将亮度提高。在调整通道效果时将视图窗口切换到Alpha模式（alpha通道），调节完毕后再回到RGB模式。注意这里的参数调节不必与书中完全一样，只要最终得到区域范围且边缘过渡柔和即可。参考参数和效果如图4-91和图4-92所示。

图4-90

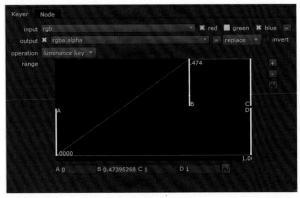

图4-91

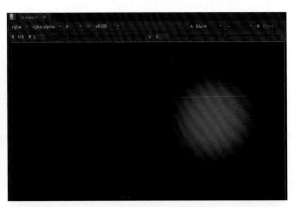

图4-92

04 使用通道。下面只需要为背景画面调色，所以需在叠加圆盘之前添加一个新的Grade节点，将mask输入线连接到处理好的alpha通道，如图4-93所示。

05 因为需要显示工程的最终结果，所以将视图窗口切换到RGB模式。下面调节Grade节点的参数，alpha通道的亮度和范围不同，得到的效果也会不同。这里的参数仅供参考，建议以画面效果为主进行设置，参考参数如图4-94所示。圆盘附近有被照亮的细微效果，如图4-95所示。

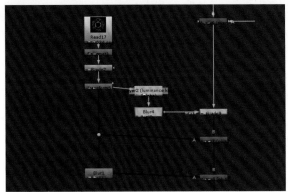

图4-93

图4-94

图4-95

4.4.5 输出视频

这个案例先制作到这里，虽然还有很多可以深入优化的地方，但建议读者一点一点地增加自己的合成技能，初期先达到能够制作出结果的目标，后期再把重点放在如何做得更好上。添加一个Write节点，输出视频，如图4-96所示。

技巧提示 读者可以尝试拍摄一段类似的素材，使用提供的光效素材制作属于自己的光效合成效果。

图4-96

第 **5** 章

颜色匹配

调色是视觉设计中不可或缺的一项工作，Nuke
合成中经常需要把各种图像素材和CG渲染素材的颜
色匹配到场景中，从而让合成效果与原素材吻合。

5.1 颜色调节的基础知识

本节介绍颜色调节的基础知识，包括RGB和HSV、颜色匹配。

5.1.1 RGB和HSV

颜色匹配是合成工作中常用的技能，调色主要是调节红色、蓝色、绿色的混合比例。调色通常分两步，确定要影响的区域和调节颜色的参数。

单击颜色参数右侧的"4"按钮，如图5-1所示，会显示出R、G、B、alpha通道的数值，如图5-2所示，此时就可以分别调节参数了。

图5-1   图5-2

颜色可以通过多种形式的数值来表示，R、G、B这3个通道的数值组成的颜色是其中的一种。还可以使用H（色相）、S（饱和度）、V（明度）3个参数来表示颜色。

观察色轮，不同角度有不同的颜色。H显示的参数范围是0～360，分别对应色轮中的不同颜色，也就是不同色相，以红色为分界，0/360都是标准红色，如图5-3所示。

按住Ctrl键，单击Grade节点的色轮，会弹出带有HSV参数的调色面板，如图5-4所示。

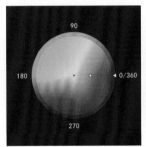

图5-3 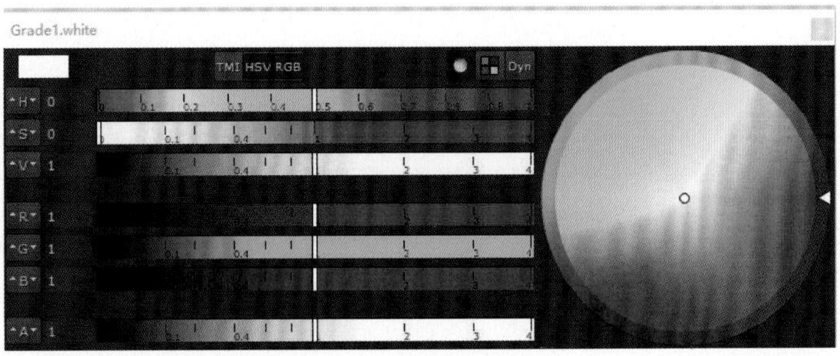   图5-4

注意，在Grade节点中，H的参数范围是0～1，同样以红色为分界，0/1都是标准红色，如图5-5和图5-6所示。

S表示饱和度，即颜色鲜艳程度，正常参数范围是0～1，饱和度为0时画面会显示为灰色，如图5-7所示。

V表示明度，可以理解为亮度，正常参数范围是0～1，可以影响画面颜色的明暗变化，明度为0时画面是黑色的，明度越高，颜色越明亮，如图5-8所示。

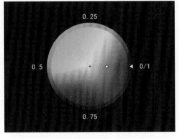

图5-5

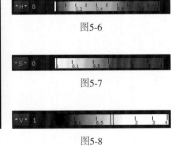

图5-6

图5-7

图5-8

5.1.2 颜色匹配技术

颜色匹配有两种方法，目测调色和参数调色。下面以图5-9和图5-10所示的颜色为例进行讲解，即将图5-10所示的颜色匹配到图5-9所示的颜色。

图5-9

图5-10

1.目测调色

通过目测可以分析判断出，HSV模式中的色相有差别，图5-10所示的颜色的饱和度和明度都需要增加；从RGB模式来看，图5-10所示的颜色没有图5-9所示的颜色蓝。

思考过程

第1点： 因为图5-9所示的颜色很蓝，所以需要增加蓝色的比例。

第2点： 图5-10所示的颜色有些偏紫色，因为紫色＝红色＋蓝色，所以应该减少红色的比例，让蓝色更明显。

第3点： 蓝色的比例增大，明度也会增加。

第4点： 蓝色的比例增大，饱和度也会增加。

目测调色就是通过观看视图窗口中的颜色状态，控制R、G、B这3个参数来匹配颜色，这种方法比较考验合成经验、颜色基础和眼力。

2.参数调色

01 在视图窗口中读取参考图的颜色参数，记录R、G、B的数值，如图5-11所示。只要对每个通道的数值进行匹配，颜色自然也会完全匹配。

02 显示需要调节的图片，观察R、G、B的数值，如图5-12所示，使用Grade节点调节参数。

图5-11

R通道

对比： 目标为0.01000，当前为0.29975。

结论： 红色多了。

执行： 减小红色通道数值至0.01000。

图5-12

G通道

对比： 目标为0.10000，当前为0.17958。

结论： 绿色多了。

执行： 减小绿色通道数值至0.10000。

B通道

对比： 目标为0.90000，当前为0.35000。

结论： 蓝色少了。

执行： 增大蓝色通道数值至0.90000。

3.应用技巧

因为在实际项目中画面的每个像素的颜色都会有差别，所以有时候数值对应准确，但整体颜色效果可能不同。比较好的方法是结合使用两种颜色匹配技术，先使用参数调节匹配通道颜色，然后观察结果，并进行微调。

5.2 哪里不对调哪里

调色的工作思路是先确定范围，再进行调节。

5.2.1 整体调色

如果需要调节整个合成画面的颜色，那么可以直接在合成结果下方添加Grade节点，如图5-13所示。

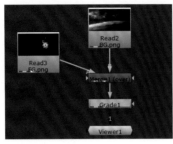

图5-13

5.2.2 分支调色

如果素材有分层，则可以在整体拼合之前，单独为某个部分进行颜色调节。例如使用Merge节点的A输入线连接前景，B输入线连接背景，如果只想给前景调色，那么可以把Grade节点添加在A输入线上，如图5-14所示，这样调色时只会影响到前景画面。

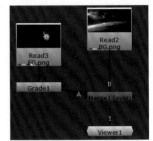

图5-14

5.2.3 自定义范围

通过Roto节点限制Grade节点的影响范围是比较常用的方法，如图5-15所示。Grade节点会根据mask输入线所连接的alpha通道的黑白区域来控制调色影响区域，白色区域有影响，黑色区域无影响。

图5-15

5.2.4 mask图层

CG合成中有三维组（三维制作环节的部门）提供的黑白图形，这个图形可以用来控制影响区域，通常把这个用来限制区域的素材称为mask图层或者ID图层。

因为一个图层中最多有4个颜色通道——R、G、B、alpha，所以最多可以放置4个颜色信息，也就是4个mask黑白图形。

素材如图5-16所示，现在需要分别进入R、G、B通道中观看每个mask黑白图形的范围。红色通道中的瓶盖为白色，其他部分为黑色，如图5-17所示。

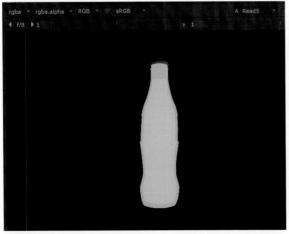

图5-16

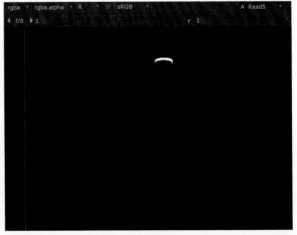

图5-17

绿色通道中的瓶身为白色，如图5-18所示。

蓝色通道中的瓶子内部为白色，如图5-19所示。

图5-18

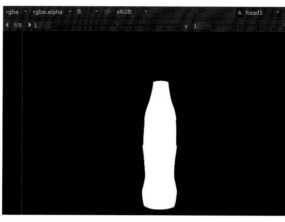

图5-19

应用

如果需要调节瓶身，那么需要把绿色通道里的颜色信息放在alpha通道中（绿色通道中瓶身范围是mask黑白图形的范围）。

01 使用Shuffle节点将素材的某个通道放在其他通道中，按照需求，将输入的绿色通道连接到输出的alpha通道，如图5-20和图5-21所示。

02 显示Shuffle节点的画面，将视图窗口切换到A模式，可以看到瓶身的alpha黑白图形，如图5-22所示。

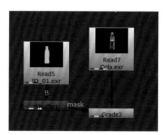

图5-20

图5-21

图5-22

03 将Grade节点的mask输入线连接到alpha结果，进行正常调色，如图5-23和图5-24所示。调色后的效果如图5-25所示。

图5-23

图5-24

图5-25

5.2.5 明暗分区控制

01 使用Keyer节点把亮度信息转化成alpha通道的黑白图形，如图5-26所示。调节手柄来控制对比度，如图5-27所示，得到需要的白色区域，如图5-28所示。

 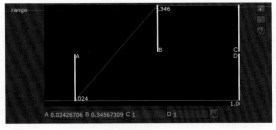 

图5-26　　　　　　　　　　　图5-27　　　　　　　　　　　图5-28

02 对通道结果进行调色（亮部），提亮画面，如图5-29～图5-31所示。

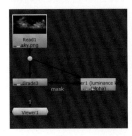  

图5-29　　　　　　　　　　　图5-30　　　　　　　　　　　图5-31

03 需要控制暗部时激活Keyer节点的属性面板中的invert按钮，如图5-32所示，生成结果的黑白区域就会反转。

得到暗部mask黑白图形后，降低暗部亮度，效果如图5-33所示。

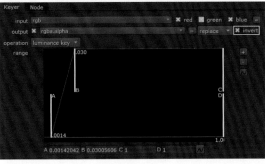 

图5-32　　　　　　　　　　　图5-33

5.3 实例：调色拯救画面

　　下面通过一个例子来说明调色对画面的重要程度。这是一张三维渲染的瓶子图片，渲染的质感有点糟糕，如图5-34所示。下面给画面做一些优化调节。

图5-34

5.3.1 拼合画面

01 按部就班地进行合成制作前的3个固定操作——导入素材、设置工程和保存文件，把属性面板中的最大显示数量修改为1。节点图面板中左侧两个是mask图层，中间两个是前景和背景，右侧是参考图素材，如图5-35所示。

02 使用Merge节点把前景叠加到背景上，如图5-36所示。

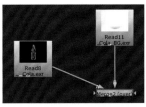

图5-35   图5-36

03 选中当前末端的节点（Merge合成结果），按1键，显示结果。选中参考图素材，按2键，把Viewer节点的第2个输入线连接到参考图素材上。单击节点图面板中的空白位置，取消选中状态，然后按1键和2键来控制Viewer节点的显示，如图5-37所示。

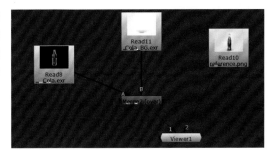

图5-37

5.3.2 画面分析

01 把瓶身大概分为几个区域，上方有一个比较亮的区域为区域1，如图5-38所示。

02 往下两侧较暗的区域为区域2，中间相对明亮的区域为区域3，接下来比较亮的区域为区域4，最下方的暗部区域为区域5，参考图和分区图如图5-39和图5-40所示。

图5-38   图5-39   图5-40

5.3.3 调色操作

调色的思路比较简单，概括下来就是先整体再细节，先调整大范围再调整小范围。

1.整体调色

在前景下方添加第1个Grade节点，降低亮度。目前瓶子有些区域不够亮、有些区域不够暗。所以需要先把瓶子匹配到最低亮度，剩下的操作就是对选定区域进行提亮。

2.分区调色

01 分别创建节点Grade、Blur和Roto，将Grade节点连接到上一个Grade节点下方，相当于在之前结果上继续调色，如图5-41所示。

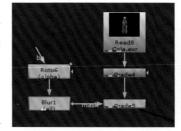

图5-41

图5-42

02 设置Roto节点。绘制Roto图形，按住Ctrl键并拖曳，拉出渐变虚边，让Roto图形边缘形成渐变，模拟参考的区域形态，如图5-42所示。

03 设置Blur节点。为了让alpha通道的边缘过渡更加柔和，可以考虑增大size参数值，如图5-43所示。

04 设置Grade节点。在区域1中进行取色，得到目标数据，如图5-44所示。

图5-43

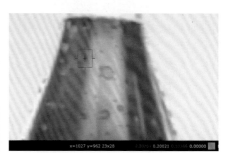

图5-44

3.读取当前颜色数值

切回Grade节点，显示瓶子，框选相同的位置，得到当前颜色数值，如图5-45所示。

图5-45

4.根据差异进行调节

01 现在3个颜色数值都偏小，说明亮度（明度）差别大，可以先统一增大R、G、B参数值，在亮度接近后再分通道匹配颜色数值。将multiply参数值增大到14，红色数值接近目标色数值，如图5-46和图5-47所示。

图5-46

图5-47

02 亮度接近后，打开gain参数的色轮，分别匹配R、G、B参数值，让视图窗口的颜色数值与参考颜色数值非常接近，如图5-48和图5-49所示。

图5-48

图5-49

5.4 实例：进一步调色

本节将继续进行调色操作，让整个画面变得更加精细。

5.4.1 alpha通道也是颜色信息

01 分别新建Grade节点、Blur节点、Roto节点，将Grade节点连接在之前的Grade节点的下方，如图5-50所示。

02 使用参数法调色，根据节点参考数值设置参数，如图5-51所示。Roto图形范围和调节效果如图5-52所示。

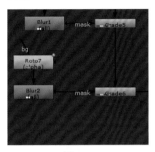

图5-50   图5-51   图5-52

03 在视图窗口中进入A模式，看一下当前通道mask黑白图形的状态，如图5-53所示。

04 现在需要把当前mask黑白图形的中间区域（标签区域）变成黑色，因为alpha通道的本质也是颜色信息，所以处理颜色通道的各种方法都可以用在alpha通道中。使用Roto节点画出标签区域，再使用Merge节点的stencil模式排除标签区域，如图5-54所示。

05 在视图窗口查看瓶子范围，让mask黑白图形上下边缘卡准标签边缘，因为其左右边缘在瓶子外，所以可以大胆地画出瓶子范围，如图5-55所示。

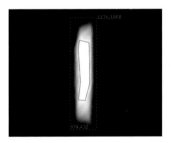

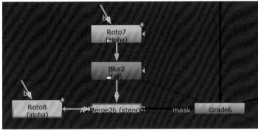

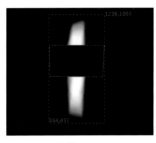

图5-53   图5-54   图5-55

5.4.2 mask通道的加、减和交集运算

在合成中，经常需要用到两个或多个alpha黑白图形进行配合，并利用加、减、交集等运算得到最终需要的alpha区域。

在需要用到mask限制功能时使用Roto节点辅助，虽然可控性高，但这不是最好的方案。对于动态画面，最好的选择是mask图层，素材中提供了标签区域的mask黑白图形，如图5-56和图5-57所示。

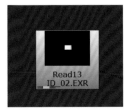

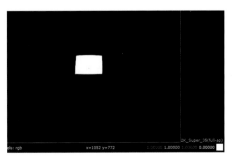

图5-56   图5-57

01 创建一个Shuffle节点，将输入的红色通道连接到输出的alpha通道，如图5-58和图5-59所示。

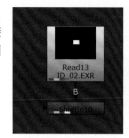

图5-58

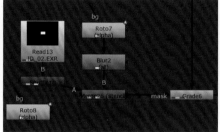

图5-59

02 使用Shuffle节点的标签mask替换之前Roto节点的标签mask。把连接Roto节点的输入线 A连接至Shuffle节点，如图5-60和图5-61所示。效果如图5-62所示。

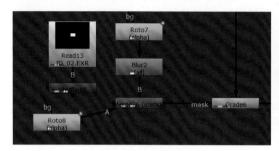

图5-60

图5-61

图5-62

5.4.3 巧妙利用已有素材获得mask范围

下面调节瓶子中最亮和最暗的区域。

1.最亮区域（亮部）

调节最亮区域可以增加琐碎的透光（高光），让细节看起来更丰富，瓶子更通透。细节越多，画面会越好看。

01 新建一组节点并连接好，如图5-63所示。

02 把其余所有需要透光的亮部圈出来，在一个Roto节点中绘制多个Roto图形，如图5-64所示。Roto图形范围和调节后的画面效果，如图5-65所示。

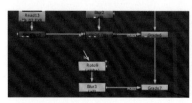

图5-63

图5-64

图5-65

2.最暗区域（暗部）

调节暗部可以进一步加强颜色对比度。

01 新建一组节点并连接好，如图5-66所示。

02 根据参考图，把最暗的区域圈出来，如图5-67所示。

图5-66

图5-67

03 显示参考图, 记录目标颜色数值, 拾取暗部的RGB参数值, 如图5-68所示。

04 显示Grade节点, 读取当前颜色数值, 根据差异进行调节, 如图5-69和图5-70所示。

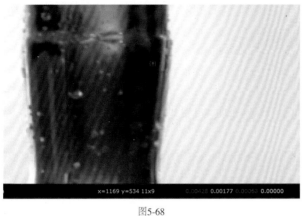

图5-68

图5-69

图5-70

05 目测颜色太暗, 可以稍微提高亮度, 如图5-71所示。效果如图5-72所示。

图5-71

图5-72

06 通过加、减、交集运算, 得到需要的mask范围。已有mask黑白图形包括标签、瓶盖、瓶子整体和瓶子内部, 如图5-73所示。

07 瓶子整体mask−内部饮料范围mask＝瓶子边缘mask, 如图5-74和图5-75所示。接下来就可以用圈出的暗部区域减去这个需要排除的区域。

图5-73

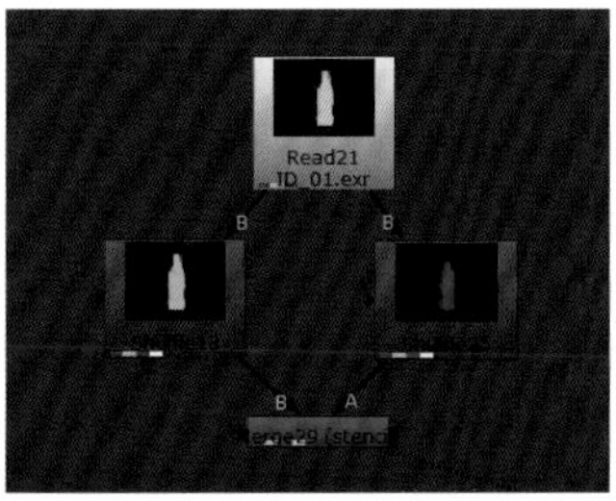

图5-74

图5-75

08 mask素材中提供了瓶子内部的mask范围，用它和圈好的暗部区域取交集，如图5-76所示，排除对瓶子边缘的影响，如图5-77所示。通过两次运算得到最终需要的mask范围，如图5-78所示，效果如图5-79所示。

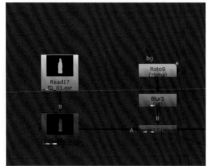
图5-76

图5-77

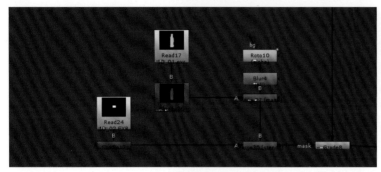
图5-78

图5-79

09 对比一下当前合成结果和原始素材，效果非常显著，经过几轮的颜色调节，处理后的画面更有质感，细节更丰富，如图5-80和图5-81所示。

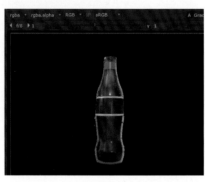
图5-80

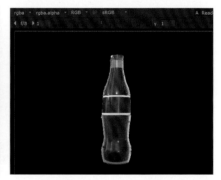
图5-81

5.5 实例：优化调色细节

在前面我们使用了调色技法处理画面的整体效果，本例将继续对相关细节进行处理。

5.5.1 ColorCorrect节点

打开"实例：调色拯救画面"的文件，观察效果，可以发现瓶子上有很多白色的高光，如图5-82所示。这些小细节可以让玻璃瓶更有质感，这也是本例要优化的目标区域。

图5-82

1.白色高光1

01 这里先来调整面积相对较大的区域。使用Roto节点绘制目标区域，即在瓶口附近和瓶底附近各绘制一个区域（参考图5-82），然后按C键，创建一个ColorCorrect（颜色校正）节点，如图5-83所示。

02 该节点的连接方法与Grade节点一样，将输入
线连接到主线（要调色的节点下方），mask输入线
连接到alpha通道，如图5-84所示。

图5-83　　　　　　　　　图5-84

> **技巧提示**：ColorCorrect节点的属性面板如图5-85所示。这里有4个参数组，通常情况下使用第1个参数组
> master（影响整体）即可，剩余的3个分别是shadows（影响画面暗部）、midtones（影响画面中间亮度）和
> highlights（影响亮部）。
>
> 　ColorCorrect节点除了多了saturation（饱和度）参数和contrast（对比度）参数，其余参数基本与
> Grade节点的参数相同，所以ColorCorrect节点（简称"CC节点"）主要用于调节画面的饱和度和对比度。

图5-85

03 接下来使用目测的调色方法进行处理，因为需要偏白色的高光效果，所以可以使用第1个参数组master。可以
先增大gamma参数值，因为gamma参数值越大，画面越灰，所以对比度会变弱，颜色会
偏白；然后减小saturation参数值，让偏白效果更明显。具体参数设置如图5-86所示。

04 检查结果，可以发现画面有些偏蓝了，因此可以使用第1个参数组中的gain参数调
节颜色。这里画面偏蓝，所以减小蓝色通道（第3个）数值即可，具体参数设置如图
5-87所示，效果如图5-88所示。

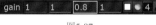

图5-86　　　　　　　图5-87　　　　　　　图5-88

技术专题：gamma参数和gian参数的效果对比

　增大gain参数值，颜色会更明亮，不会影响其他效果，如图5-89
所示。

　增大gamma参数值，亮度会增加，饱和度会降低，画面看起来会更
灰，如图5-90所示。

图5-89　　　　　　　图5-90

2.白色高光2

　用同样的方法新建一组节点，然后绘制小块高光区域，参考"1.白色高光1"的方法进行调整，这里就不赘述
了，读者可以观看教学视频进行学习。

3.标签

　现在还有一个面积比较大的标签区域看起来比较暗，也缺少立体感。因此，需要让其中间区域更亮、两侧区
域更暗，这样瓶身看起来才会更圆。使用Roto节点制作出一个中间区域更白、两侧区域更黑的alpha通道，如图
5-91所示，这样Grade节点对中间区域的影响更大，对两侧区域的影响稍弱。这里参考前面的步骤进行调整即可，
效果如图5-92所示。

图5-91　　　　图5-92

技巧提示 为了防止上、下边缘影响到标签以外的区域，可以和标签的mask图层进行一个交集运算，范围确定好后调节Grade节点进行提亮，如图5-93所示。

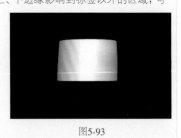

图5-93

5.5.2 统一色相

读者可以带着背景看一下当前结果，即显示当前工程中的末端节点。对比效果，观察画面，寻找还可以处理的区域，发现瓶子边缘和瓶盖还没有调节过颜色。目前，瓶子边缘偏绿，瓶底比较明显；瓶盖的金属质感不够强。

01 处理瓶子边缘。按照前面介绍的方法，使用完整瓶子减去瓶子内部，得到瓶子边缘，节点的连接如图5-94所示。

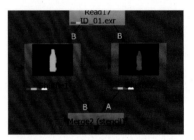

图5-94

技巧提示 这里将左侧的rgba.green连接到右侧的rgba.alpha，如图5-95所示。再将左侧的rgba.blue连接到右侧的rgba.alpha，如图5-96所示。

图5-95　　　　　　　图5-96

02 因为每个Shuffle节点中只需要用到一个通道的信息，所以可以将其他通道的连接线断开。这样在观察节点时，只会显示一个通道的信息，可以直观地看到颜色范围。注意，要减去标签部分才能得到需要的颜色范围，效果如图5-97所示。

03 使用ColorCorrect节点把饱和度降低，使瓶子边缘变成灰色，再统一调节成绿色。创建ColorCorrect节点，在使用mask输入线连接之前需要计算出瓶子边缘mask范围。这里使用参数匹配法，记录参考图中瓶底颜色数值，位置参考如图5-98所示。

 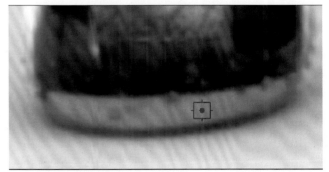

图5-97　　　　　　　　　　图5-98

技巧提示 当前瓶子边缘的颜色不统一，这是因为前面调色时瓶子边缘右下角有些红色。因此，在ColorCorrect节点中使用同一套RGB参数是无法把不同颜色统一调成偏绿的颜色的。

04 设置saturation参数值为0，让瓶子边缘变为灰色，然后将上一步拾取的颜色数值匹配给gain参数，如图5-99所示。修正后的效果如图5-100所示。

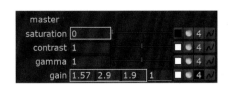

图5-99

图5-100

5.5.3 调整金属质感

瓶盖缺少金属质感，要怎样调节呢？这里需要思考金属质感有什么特点。

判断物体质感可从颜色和反射强度这两个方面入手。金属的特点是强反射、强高光，所以要加强瓶盖的反光效果。正常CG合成会提供一个专门的反射层，当前案例没有提供反射层，因此还是考虑使用调色的思路来处理，即将偏亮的区域提亮一些，得到比较强的反光效果。

01 想办法得到范围，即使用Keyer节点把亮部转成alpha通道。观察生成的alpha通道，调节对比度，具体参数如图5-101所示，效果如图5-102所示。

图5-101

图5-102

> **技巧提示** 现在的alpha通道中会显示整个瓶子，但我们只需要处理瓶盖，所以需要和瓶盖的mask图层做交集运算，具体方法如下。
>
> 第1步：使用Shuffle节点将瓶盖mask图层的红色信息放到alpha通道中。
>
> 第2步：使用Merge节点连接Keyer节点和Shuffle节点。
>
> 第3步：将Merge节点的over叠加模式改为mask叠加模式。

02 创建Grade节点，将Grade节点的mask输入线连接到Merge节点，增加亮度，如图5-103所示。注意，调色后记得将视图窗口恢复到RGB模式，效果如图5-104所示。

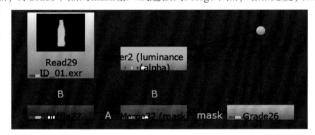

图5-103

图5-104

5.5.4 调整对比度

接下来为瓶子整体调节一下对比度。读者可能会想到使用ColorCorrect节点，因为这个节点有contrast参数，直接增大contrast参数值可实现调节对比度的目的，如图5-105所示。

contrast 1

图5-105

使用ColorCorrect节点是一个入门级方法。下面介绍一个高级技巧。

在使用Nuke时通常会有"将某个复杂的效果分解,变成多个很基础的操作"的操作思路,这需要合成师对节点参数的原理了如指掌。

通过分析,加强对比度的本质是让画面的亮部更亮、暗部更暗。这是两个基本的调色操作,可以使用Grade节点来完成。

如果想让亮部更亮,则可以增大gain参数值,直接影响画面的亮部区域。

如果想让暗部更暗,则可以减小gamma参数值,直接影响画面的中间调区域。虽然影响暗部的参数是lift,但是使用lift参数的情况比较极端,加上画面中极黑的区域通常较少,所以建议使用gamma参数。

这样使用Grade节点的两个参数完成调节对比度的操作,相对于使用ColorCorrect节点来说更灵活,即在调节对比度时可以分别控制明、暗部区域的强度。

5.5.5 思考分析

实例的最终效果如图5-106所示,节点整体的连接效果如图5-107所示。

图5-106

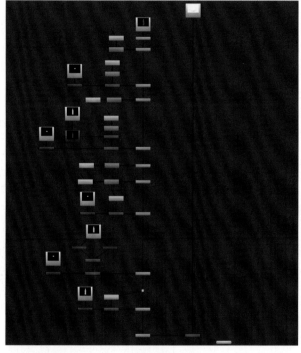

图5-107

在素材下方使用一长串Grade节点是不合理的。初级合成师经常会使用一长串的Grade节点配合Roto节点来对画面进行调节,这其实是一个不好的习惯。高级合成师往往只用几个节点就能实现需要的效果。

但是在开始学习时一切以实现效果为目的,无论多少个节点,只要符合基本合成规范,都是可以的,即先保证能做出来,熟练后再研究怎么做得更好、更简洁。这是一个循序渐进的过程,希望读者要有耐心。表5-1所示为使用不同数量节点的情况及原因。

表5-1

阶段	节点数量	情况	原因
1	很少	看着画面总是不知道该调节哪里,会单独使用节点,但在应用时总想不到可以调用哪个节点	合成经验缺乏,不够熟悉节点,熟练度不够
2	较多	能感觉到有部分区域不理想,但不知道使用什么方法优化	合成经验有所增加,眼力有所提高,技术、技能积累不足
3	很多	大部分问题都可以自主处理,感觉自己水平似乎达到顶峰	熟悉常用节点、技巧和基本的调节思路,但是存在使用多个节点反复覆盖调节同一个区域的情况
4	逐渐减少	忽然发现使用几个节点就可以完成同样的效果	合成技术开始突破瓶颈,从"能做出来"向"做得更好"发展
5	较少	能恰当地使用节点	不是节点越少越好,该用则用,该省则省。能找到合适的方法优化效果

第 **6** 章

运动跟踪与
CG合成

本章将介绍运动跟踪技术和CG合成应用。运动跟踪技术属于影视合成的必备技术，该技术主要用于匹配运动对象的动作，使添加的效果与原素材完美吻合，从而让合成效果没有瑕疵。

6.1 二维跟踪

本节主要介绍二维跟踪技术，包含Tracker节点的快速应用和跟踪的定位诀窍。

6.1.1 Tracker节点的快速应用

合成中经常需要将一个静止素材(图片素材)拼合到有镜头运动的背景素材中。拼合后静止素材需要跟随背景素材一起运动，这个匹配运动的操作叫作跟踪。跟踪分为两个步骤，即记录背景运动信息(取运动)和给静止素材使用运动信息(做运动)。

观察图6-1所示的节点，左侧是用手持设备拍摄的背景素材，右侧是一个图片素材。现在要求将图片贴在背景画面的广告牌上。下面要使用的跟踪工具为Tracker节点。

图6-1

1.记录背景运动信息

01 创建Tracker节点，将其连接到需要采集运动信息的素材(连接到背景)，如图6-2所示。

02 添加跟踪点。保持时间滑块位于素材的首帧处，如图6-3所示，然后在Tracker节点的属性面板中单击add track(添加跟踪点)按钮，如图6-4所示。

图6-2

图6-3

图6-4

03 设置跟踪点。单击add track按钮后，画面中会出现一个选框(跟踪点)，用于采集运动信息，如图6-5所示。拖曳选框的中心点至"商城2"的牌子上，如图6-6所示。这一步主要是将选框(跟踪点)放在需要记录运动信息的位置上(物体上)。

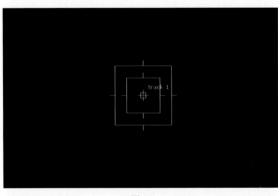

图6-5

图6-6

04 分析运动。单击分析按钮，软件自动播放一遍素材，分析每一帧的画面，如图6-7所示。

05 让时间滑块保持在首帧位置，直接单击track_to_end按钮，如图6-8所示。

06 弹出的对话框中会显示进度条，表示计算完成度，如图6-9所示，分析完成后就得到了跟踪点位置的运动信息。

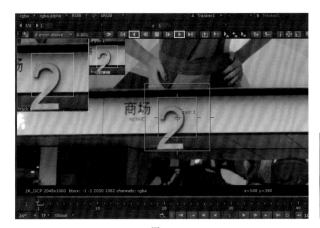

图6-7

图6-8

图6-9

2.给静止素材使用运动信息

01 重新连接素材。将节点线断开，将Tracker节点连接至需要做运动的静止素材，如图6-10所示。

02 设置运动方式。在Tracker节点的属性面板的第3个选项卡中设置transform为match-move（匹配运动），如图6-11所示。

图6-10

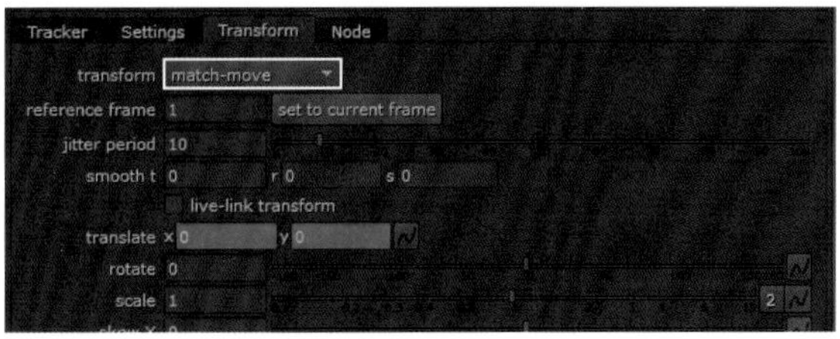

图6-11

03 设置基础帧。软件此时会以reference frame（参考帧）参数值对应的帧作为运动的起始帧，如图6-12所示，起始帧的translate参数值为0，如图6-13所示。

图6-12

图6-13

3.检查结果

01 设置完成后拼合两个素材，检查跟踪结果，连接效果如图6-14所示。

02 矫正位置。因为静止素材的尺寸比较小，所以拼合后它会在画面的左下角，如图6-15所示。

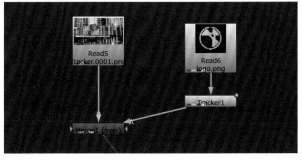

图6-14

图6-15

03 在制作运动之前（设置Tracker节点之前），添加Transform节点，以便修改translate相关参数的值，连接效果如图6-16所示。

04 Transform节点要放在Tracker节点之前，因为画面中不同位置的运动可能会有偏差。将Logo图片摆放准确（跟踪点附近），然后让Logo图片运动起来。播放可以看到Logo图片跟随画面中的广告牌一起运动了，如图6-17所示。

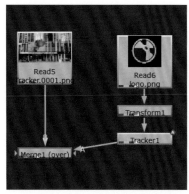

图6-16

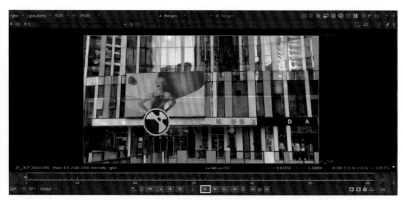

图6-17

6.1.2 跟踪的定位诀窍

跟踪结果准确与否，与跟踪点的选择有关。那么如何寻找一个合适的跟踪点呢？

仔细观察，跟踪点的选框由两个方框组成，如图6-18所示。内部小方框（内框）为采样框，外部大方框（外框）为搜索范围，小方框内的图案会被当作跟踪点。

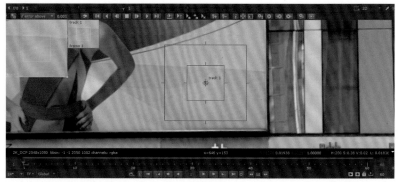

图6-18

1.外框设置

如果素材的运动幅度大，那么搜索范围（大方框）可以适当地设置得大一些，以免下一帧跟踪点超出搜索范围，导致跟踪分析中断。注意，这个范围不需要过大，否则会影响运算速度。

假设第1帧和第2帧的画面如图6-19和图6-20所示，那么外框需要在第1帧时框住第2帧中2的位置，如图6-21所示。

图6-19

图6-20

图6-21

2.选择跟踪点的规则

选择跟踪点的规则为"找到一个持续、稳定的特征点",选择一个跟踪点后一定要确认其是否符合规则。

持续

如果在所有帧中都能找到这个跟踪点,那么这个跟踪点就是持续的,例如图6-22中画面右侧的字母A在后面帧中移出了画面,此时软件就找不到它的行踪了,如图6-23所示。这个跟踪点就不是持续的。

图6-22　　　　图6-23

稳定

跟踪点的运动需要是稳定的。如果需要制作跟踪背景是建筑的运动,那么不可以将跟踪点放在行人身上,因为行人的运动信息和建筑是不一样的。

注意,有反射的玻璃也不是稳定的跟踪点,反射效果会根据摄像机运动而变化,如图6-24所示,以此类推还有水面、被风吹动的树叶、夜晚闪烁的灯光等。

图6-24

特征点

特征点表示在其他帧外框内只能找到唯一的对应图案。例如选择纯绿色作为跟踪点,因为外框内所有位置都是纯绿色,如图6-25所示,这样便无法精准定位,所以尽量找纹理清晰的位置。

图6-26所示的竖着的纹理区域对于初学者来说很容易误选。这里虽然有明显的纹理,但是可以在上下区域找到无数个类似图案,无法准确定位。

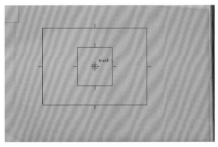 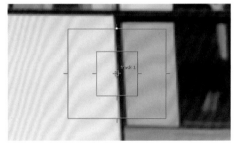

图6-25　　　　　　　　　　　　　　　图6-26

3.宁缺毋滥原则

确定跟踪点的位置后还要调节其大小,这里的原则是宁缺毋滥原则。要给软件足够多的信息,也就是足够大的采样范围,同时内框中要尽可能避免出现干扰信息。虽然可以适当减少采集的信息,但信息准确度要高。

观察下面5个搜索范围。

图6-27所示的范围是错误的,内框中带有一些玻璃区域,这部分的运动信息是不准确的,会严重干扰结果。

图6-28所示的范围可以使用,虽然内框较小但是内部图案信息足够使用。需要注意的是,内框边缘距离玻璃较近,跟踪点在其他帧的位置可能有轻微偏移,有搜索到玻璃区域的风险。

图6-29所示的范围有严谨的位置和大小。内框边缘远离玻璃区域,内框信息足够多且没有干扰信息。

图6-30所示的范围是错误的,内框过小,采集信息不够,可能导致跟踪结果不准确或分析中断。

图6-31所示的范围是不合理的,内框过大,运算速度缓慢,且有干扰信息。白色牌子是会发光的,闪烁的灯光容易影响跟踪准确度。

图6-27　　　　　　　　　　　　　　　图6-28

图6-29   图6-30   图6-31

6.2 两点跟踪

下面介绍多点跟踪的操作方法，主要包含两点跟踪的作用和操作步骤。

6.2.1 两点跟踪的作用

一个跟踪点只能记录简单的位置移动，就像一颗钉子穿过一张纸，如图6-32所示。位置固定了但是无法控制转动，锁定并旋转至少需要两个跟踪点，如图6-33所示。

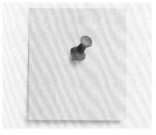
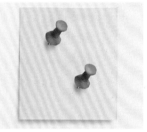

图6-32   图6-33

回到案例，Logo图片尺寸比较小，使用单点跟踪看起来也没有问题。将Transform节点的输入线连接给另一个长条素材，如图6-34所示。这时候播放可以看到在背景画面转动时长条素材无法跟随转动，如图6-35所示。

图6-34   图6-35

6.2.2 操作步骤

两点跟踪的操作步骤和基础单点跟踪的操作步骤基本是一样的，同样需要取得运动信息。

1.连接素材

连接素材这里不赘述，连接效果如图6-36所示。

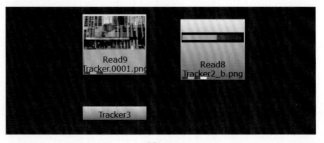

图6-36

2.创建跟踪点

检查时间滑块是否在首帧处,如图6-37所示,单击属性面板中的add track按钮,如图6-38所示。

图6-37　　　　　　图6-38

3.设置跟踪点

在画面左侧放置一个跟踪点,并调节一下内、外框的大小和长宽比,如图6-39和图6-40所示。

图6-39

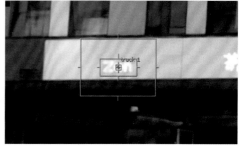

图6-40

4.播放并分析

因为当前在素材的首帧处,所以可以直接向后播放并分析,计算出跟踪点位置的运动信息,如图6-41所示。

添加跟踪点

先回到首帧处,如图6-42所示,然后单击add track按钮来添加跟踪点,如图6-43所示。

图6-41　　　　　　图6-42　　　　　　图6-43

6.2.3 跟踪点的使用扩展

按照两点跟踪的方法,重复创建跟踪点的操作,可以扩展出多点跟踪。例如想在画面中的广告牌上贴一张海报,可以跟踪广告牌的4个角,获得4个跟踪点,这样运动信息会更准确,如图6-44所示。

图6-44

6.3 实例：相框效果合成

下面使用跟踪技术来制作相框案例。案例完成效果为相框套在猫头的瞬间照片消失,空相框套在猫脖子上,然后猫嘴角扬起,如图6-45和图6-46所示。

图6-45

图6-46

6.3.1 准备工作

01 导入素材，如图6-47所示。

02 双击素材节点，在属性面板中查看参数，Format为HD_1080 1920×1080，Frame Range为1～120，如图6-48所示。

图6-47

图6-48

03 在属性面板中按S键进入工程设置面板，设置full size format为HD_1080 1920×1080、frame range为1～120，勾选lock range，如图6-49所示。

图6-49

6.3.2 创建节点

01 本工程中将第40帧定义为基础帧，后面一系列操作都会和基础帧相关，如图6-50所示。

02 创建FrameHold（帧冻结）节点，将其连接至素材下方，如图6-51所示。

03 双击FrameHold节点，在其属性面板中设置first frame参数值为40，如图6-52所示。

图6-50

图6-51

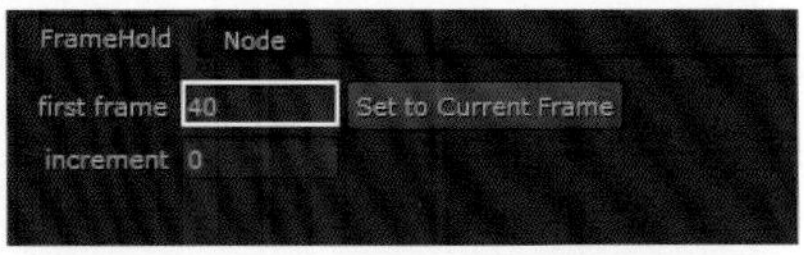

图6-52

04 创建Merge节点和Roto节点，并连接节点，如图6-53所示。

05 时间滑块保持在基础帧处，沿着相框内部边缘绘制形状，如图6-54所示。

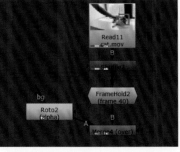

图6-53

图6-54

06 Merge节点默认为over叠加模式，将其修改为mask叠加模式，如图6-55所示。效果如图6-56所示。

图6-55

图6-56

6.3.3 运动跟踪

01 创建一个Tracker节点，将其连接到素材，以便拾取运动信息，如图6-57所示。

02 时间滑块保持在基础帧处，单击add track按钮添加第1个跟踪点，如图6-58所示。

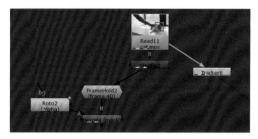

图6-57

图6-58

03 因为前段帧中相框有一部分在画面之外，所以不能在首帧添加跟踪点，如图6-59所示。如果在跟踪前确定了基础帧，那么就在基础帧处添加跟踪点。

04 将第1个跟踪点放置在相框左上角，如图6-60所示。注意不要超出边框范围，且要保持一定安全距离，以免带到背景。

图6-59

05 因为相框的运动幅度较大，所以外框要设置得足够大，如图6-61所示。

图6-60

图6-61

06 需要采集的运动在相框套进猫头之前，也就是第1~40帧。当前时间滑块在基础帧处，需要向前播放并分析第40帧之前的运动，如图6-62所示。

图6-62

07 分析过程中注意观察跟踪点是否一直准确地跟随着相框，如果出现偏差可以单击Cancel按钮取消，如图6-63
所示，然后重新执行步骤03～步骤05。

图6-63

08 因为相框的运动
幅度较大，所以跟踪
到某一帧时忽然中
断，可能是外框不够
大，在下一帧中找不
到跟踪点的位置，也
可能是内框太小，图
案信息不够。在图
6-64中，中断原因是
下一帧跟踪位置在
画面之外，软件找不
到跟踪点的位置。

图6-64

09 跟踪后观察运动轨迹是否平滑。每个点代表其中一帧跟踪点的位置，连起来就形成了一条运动轨迹。正常的
运动轨迹应该是相对平滑的，如果中间某一帧
忽然偏离轨迹，那么需要检查一下是否跟踪不
准确，如图6-65所示。

10 跟踪后滑动时间滑块或前后播放，如图
6-66所示。检查时间线上的蓝色部分，也就是
做了跟踪分析的帧数范围，观察跟踪点是否始
终在需要跟踪的位置。

图6-65

图6-66

11 通过检查，第1个跟踪点没有问题。重复步骤02～步骤04，制作第2个跟踪点。跟踪点的位置和大小如图6-67所示。

图6-67

12 右上角的跟踪点在5帧左右会移出画面，因此在此处中断是正常的，如图6-68所示。

图6-68

13 检查准确度后制作第3个跟踪点，将其放到相框左下角，如图6-69所示。

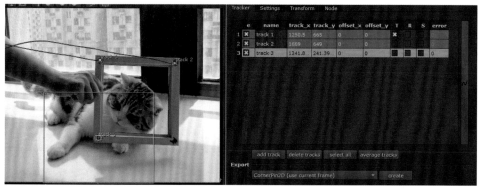

图6-69

14 左下角的跟踪点在第16帧左右移出画面，软件自动分析到了第11帧，如图6-70所示。因此，第11~16帧自动生成的关键帧都是错误的。

图6-70

6.3.4 删除多余关键帧

01 新建Merge节点，将B输入线连接到素材，A输入线连接到运动的猫头图片，如图6-71所示。

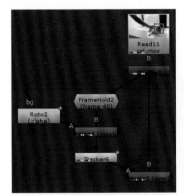

02 播放并检查时发现，第16~40帧有轻微偏差，如图6-72所示。第16帧之前位置完全不对应，如图6-73所示。

图6-71   图6-72   图6-73

03 批量删除关键帧之前要先进入能看到关键帧的Dope Sheet（关键帧清单）面板中，如图6-74所示。

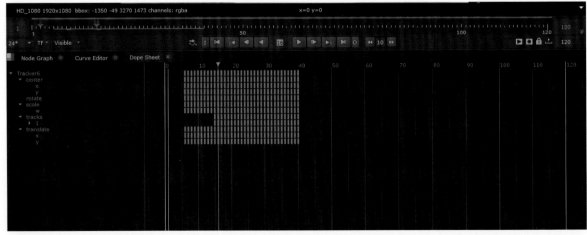

图6-74

04 双击Tracker节点，在Dope Sheet面板中可以看到Tracker节点的所有关键帧。将第16帧之前的关键帧（关键帧点）框选，按Delete键删除，如图6-75和图6-76所示。删除后一定要切换回节点图面板，如图6-77所示。

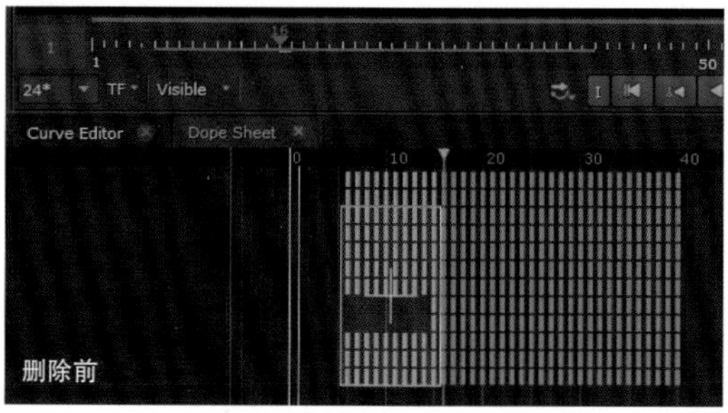

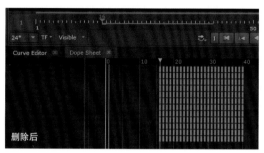

图6-75

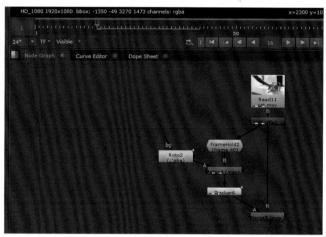

图6-77

图6-76

6.4 CornerPin2D节点

本节将继续制作前面的案例，在这里需要引入一个新的节点——CornerPin2D（边角定位）节点，主要用于定位边角。

6.4.1 节点的使用原理

01 添加一个可以手动控制位置的节点。目前已知的节点是Transform节点，但使用Transform节点匹配位置不方便。这里介绍一个新的节点——CornerPin2D节点。创建CornerPin2D节点，连接原始素材，如图6-78和图6-79所示。

图6-78

图6-79

02 双击CornerPin2D节点可以看到画面中的4个角，且出现了4个变换控制点，如图6-80所示。下面通过4个变换控制点调节图片，这样控制起来更为灵活，可以模拟出透视的效果，让图片更好地匹配相框，如图6-81所示。

图6-80

图6-81

03 观看属性面板的参数，4个变换控制点分别对应4个参数to1、to2、to3和to4，如图6-82所示。

04 切换到From选项卡，这里也有4个参数，如图6-83所示。第1个选项卡（CornerPin2D）中的4个参数为变换控制点参数，第2个选项卡（From）中的4个参数为原始点参数。两组参数有差别时就会产生变化，默认情况下两组参数是一样的，所以不会有任何改变。

图6-82

图6-83

05 回到CornerPin2D选项卡，第1个参数的数值为（0,0），如图6-84所示。说明变换控制点1在画面中横向和纵向都是第0个像素的位置，也就是画面的左下角，如图6-85所示。

图6-84

图6-85

06 将变换控制点1的变换控制点参数的x设置为500，将它对应的原始点参数的x设置为0，如图6-86和图6-87所示。此时变换控制点1横向移动500个像素的距离，图片扭曲变形，如图6-88所示。

图6-86

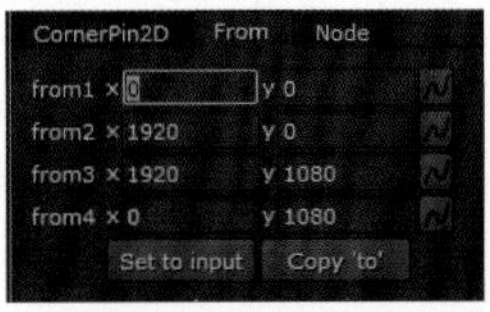

图6-87

图6-88

07 当前案例是给猫头图片做变形处理，猫头图片并未铺满全屏，控制变换点距离画面直角点过远，如图6-89所示，不好控制。将CornerPin2D节点连接到Merge节点，如图6-90所示。

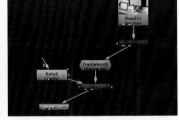

图6-89

图6-90

08 如果直接将变换控制点1拖曳至猫头图片的左下角，参数值为（1162,382），如图6-91所示，那么猫头图片会发生变形，如图6-92所示。

图6-91

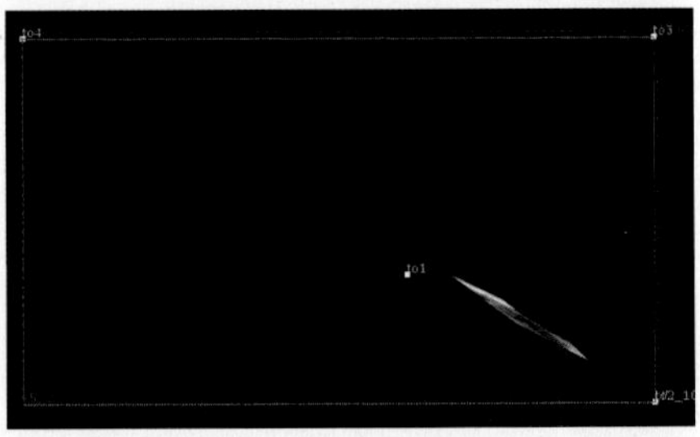

图6-92

09 有数值差异图片才会变形,变换控制点的位置和参数值确定后,需将原始点参数值设置为与变换控制点参数值相同。进入From选项卡,将from1参数值修改为(1162,382),效果如图6-93所示。

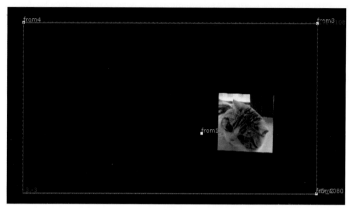

图6-93

6.4.2 关键帧匹配运动

01 创建CornerPin2D节点,将其拖曳至Tracker节点上方的线段中,如图6-94所示。

02 选中CornerPin2D节点,按1键连接Viewer节点,如图6-95所示。

03 选中CornerPin2D节点,然后按D键,临时关闭节点效果,如图6-96所示,防止拖曳变换控制点时图片实时变形,导致不方便确定位置。

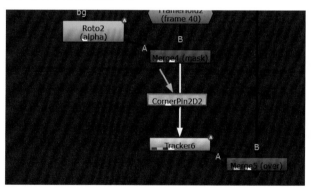

图6-94

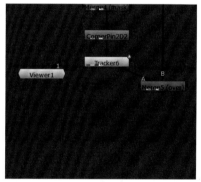

图6-95

图6-96

04 分别设置4个变换控制点的位置,具体参数设置如图6-97和图6-98所示。

05 拖曳时间滑块,一帧一帧地向前检查并修改,发现猫头图片有位置偏差时会停留在那一帧,如图6-99所示。效果如图6-100所示。

图6-97　　图6-98

图6-99

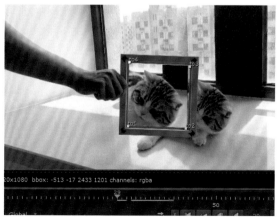

图6-100

6.5 CG合成介绍

前面讲解了普通合成的相关技法和实例，接下来讲解CG合成的相关技法。三维环节会将模型分成不同质感的图层，如颜色图层、反光图层、阴影图层和一些辅助图层，合成师拿到这些图层后会拼合图层，从而得到完整的画面效果。在拼合的过程中合成师只需要对对应的图层进行特效处理即可，不需要担心操作会影响到其他图层的效果，这就是图层的作用。

这里以一个案例来讲解CG合成的相关技法，如图6-101所示。与前面的案例一样，需要先导入素材，然后设置工程，最后保存文件，主要素材如图6-102所示。

图6-101

图6-102

技术专题：EXR文件详解

这里的素材涉及三维分层文件。三维分层文件有两种类型：一种是有多个序列文件，每个质感图层是一个单独的序列文件；另一种只有一个序列文件，所有质感图层都在一个序列文件中。

EXR文件可以同时带有多个图层，即一个文件中有多个图像。这里的机器人在EXR文件中，其中含有其他隐藏图层。

下面介绍查看方法。

第1种：在视图窗口单击rgba，在下拉菜单中选择其他图层，即可切换到相应的图层，如图6-103所示。（注：图中的DiffuseFilter即Diffuse）

第2种：使用LayerContactSheet（图层列表）节点连接EXR素材，如图6-104所示，然后在节点的属性面板中勾选Show layer names，显示LayerContactSheet节点的画面，就可以同时看到所有隐藏图层，如图6-105所示。

图6-103

图6-104

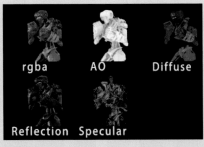

图6-105

这些都是CG合成中的常见图层，读者需要记住每个图层的画面特征，注意不要只记名字，因为工作中的图层名可能不一样，要根据画面特征判断出是什么图层。

rgba：该图层有完整的颜色和质感，能显示三维软件渲染输出的完整画面效果，有时会命名为Beauty。

Diffuse（漫反射）：可以理解为颜色图层，没有强烈的光影质感，主要包含颜色信息。

AO（接触阴影）：该图层显示物体表面的阴影。当两个物体距离很近的时候，会相互遮挡光线，缝隙中光照不足，会产生较重的阴影区域。另一种生活中常见的阴影是投影。

Reflection（反射）/Specular（高光）：Reflection图层和Specular图层比较类似，可以理解为都是反光的质感图层，但Reflection图层中的反光面积更大、高光面积更小。

6.6 拼合图层

CG合成的核心是拼合图层，本节将介绍拼合图层的方法，主要包括取出图层、CG分层拼合公式和拼合验收标准。

6.6.1 取出图层

本例中的EXR素材共有5个图层（5个图像），视图窗口默认为RGB模式，即默认显示RGB通道的画面。另外4个图层是隐藏的，制作之前需要将所有图层都"拿出来"，然后放在常规的RGB通道中，方便查看和使用。这就需要将隐藏图层转换为可见的rgba图层，可以通过通道重组来操作，即需要使用Shuffle节点，如图6-106所示。

01 在Shuffle节点的左侧In下拉列表中选择AO图层，将AO图层的rgba通道连接到常规rgba图层的rgba通道，然后对应连接相关通道，如图6-107所示。现在显示Shuffle节点，就能看到AO图层的画面效果了，如图6-108所示。

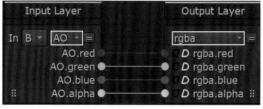
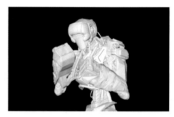

图6-106   图6-107   图6-108

02 切换到Shuffle节点的Node选项卡，在label中输入AO，进行备注以便区分，如图6-109和图6-110所示。

图6-109   图6-110

> **技巧提示** 一个Shuffle节点只能调取出一个隐藏图层，因为每个节点只有一个rgba图层，第1个已经被AO图层的信息占用了，所以需要继续创建Shuffle节点，将其他图层都显示出来，并且分别备注名称。为了方便操作，为rgba图层也创建一个Shuffle节点，保持默认参数不变并将其连接到EXR素材。目前5个Shuffle节点已经设置好了，接下来可以将它们当成5个原始素材使用，如图6-111所示。注意，这里不再使用LayerContactSheet节点，可以将其删除或者放在一边。
>
>
>
> 图6-111

如果拿到的文件没有隐藏图层，即包含多个单独的序列文件，那么每个序列文件只有一个图层，这个时候直接使用即可。

6.6.2 CG分层拼合公式

素材梳理完毕后可以开始制作效果，CG合成可分为两大步骤：拼合分层和调节画面效果。CG分层拼合公式如下。

①操作基础图层。

②黑色加。

③白色乘。

所有CG合成都可以套用这个公式，按照固定的套路和步骤制作。

01 无论有多少分层素材，先找到基础图层，如Diffuse图层或其他颜色图层，然后将其他剩余图层依次叠加在基础图层之上。将Diffuse图层的Shuffle节点单独拉出来，把它作为主线上的节点，如图6-112所示。

图6-112

> **技巧提示** 对于其他图层，可以将它们大致分为两类。
> 第1类：黑色底的，关于光的图层基本都是黑色底的，如Reflection图层。
> 第2类：白色底的，各种影子图层，如AO图层。

02 叠加一个Reflection图层。创建Merge节点，让输入线B连接基础图层Diffuse图层的Shuffle节点，输入线A连接需要叠加的Reflection图层的Shuffle节点。公式中的"黑色加"指在叠加所有背景为黑色的图层时将Merge节点的over叠加模式改为plus叠加模式，如图6-113所示。这样颜色上就有了反射质感，第1个图层的叠加就完成了，效果如图6-114所示。

图6-113　　　　　　　　　　图6-114

> **技巧提示** plus叠加模式会自动过滤掉画面中的黑色，然后将A叠加在B上。具体算法为对每个通道的颜色数值进行加运算，纯黑色区域的颜色数值为0，0+任何数=任何数，所以黑色区域的颜色不变，其他区域的亮度增加。
> 　接下来叠加下一个Specular图层，注意这里的叠加顺序没有固定要求。在每次连接新图层时都要将之前的结果（已经拼合好的部分）当成一个整体（新颜色图层），即再次创建新的Merge节点，输入线B连接之前的叠加结果，输入线A连接要叠加的图层的Shuffle节点，叠加模式同样为plus，以此类推。

03 创建新的Merge节点，输入线B连接之前的叠加结果（带有高光反射的颜色图层），输入线A连接需要叠加的图层（AO图层）的Shuffle节点，公式中的"白色乘"指叠加背景为白色的图层时，将over叠加模式改为multiply（乘）叠加模式，如图6-115所示。叠加AO图层后模型更有立体感。

> **技巧提示** multiply叠加模式表示黑白画面A叠加颜色画面B时，如果A为白色的区域，则B颜色不变；如果A为黑色的区域，则B颜色亮度被降低。具体算法为对每个通道的颜色数值进行乘运算，白色区域的颜色数值为1，1×任何数=任何数，所以白色区域的颜色不变，其他区域的亮度降低。

图6-115

技术专题：整理节点

　　整理节点不会影响最终画面效果，初学者可根据自己的Nuke操作熟练度选择是否进行整理操作，好处是可以让节点摆放更严谨。

　　将Merge节点向右拖曳，横向排列，尽量让上下方向的节点线都变成垂直，减少斜线，如图6-116所示。

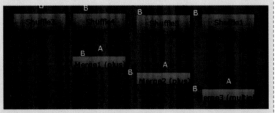

图6-116

　　这样所有Merge节点的A输入线都连接上方的分层的Shuffle节点，B输入线横向继承上一个叠加的结果。建议初学者摆放上下节点时保留一些高度差，这样方便看懂层级关系，快速找到末尾节点（结果节点）。

所有分层都需要使用Shuffle节点连接EXR素材进行读取，因此可以添加一些骨骼节点，减少斜线，避免节点线都连到一个点。

（1）添加骨骼节点，如图6-117所示。

（2）断开所有骨骼节点的输入线，如图6-118所示。

图6-117

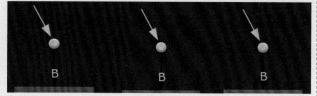

图6-118

（3）从距离EXR素材最近的骨骼节点开始依次连接前一个骨骼节点，如图6-119所示。这样比较严谨的CG合成节点架构就出现了，如图6-120所示。

图6-119

图6-120

这样处理后，后续在每条分支上添加Grade节点，任何调整在节点图中都能更容易地体现出来，如图6-121所示。

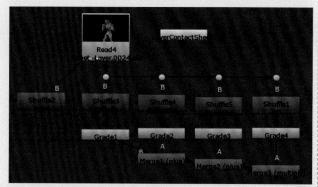

图6-121

CG合成节点架构的注意事项有两个，请读者注意。

第1个：避免重叠穿插，不要让节点线出现重叠，如图6-122和图6-123所示。

第2个：尽量减小工程中的熵值，避免节点线绕成一个圈（"回"字）去连接其他节点，这样会增加节点架构的复杂度，如图6-124所示。

图6-122

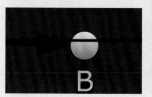

图6-123

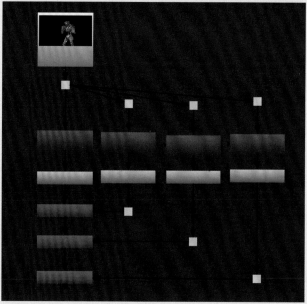

图6-124

6.6.3 拼合验收标准

拼合图层的最终目的是用分层拼合还原出rgba图层的效果，对于提供的灯光分层（CG分层），不需要全部使用，根据画面效果来判断使用哪些分层即可。注意，通常情况下无法完全还原，只需要将画面拼合到与rgba图层的画面接近即可，这样就算完成了拼合步骤。

当前案例中还有几个其他颜色的素材，它们都是辅助图层，可以单独使用，不需要叠加在基础图层上。对于初学者来说，每次合成时将所有认识的图层叠加完毕，剩余的图层放在一边备用即可，如图6-125所示。当前拼合结果与rgba图层的效果已经比较接近了，如图6-126所示。

图6-125

图6-126

6.7 完善工程架构

接下来需要完善整个工程的架构，主要包含重置alpha通道、预除和预乘、搭建工程架构等工作。

6.7.1 重置alpha通道

叠加图层时可能会影响到alpha通道，此时需要使用Copy节点"拿回"正确的alpha通道，复制并替换到拼合结果的结尾处。

创建Copy节点，输入线B连接拼合结果，输入线A连接任何有alpha通道的原始素材，通常可以取原始rgba图层的alpha通道。Copy节点的参数保持默认即可，根据合成公式，影响素材alpha通道需要添加Premult节点，所以在Copy节点后创建Premult节点，如图6-127所示。

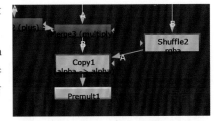

图6-127

6.7.2 预除和预乘

进行CG图层拼合后都需要复制alpha通道并预乘，为了防止预乘边缘像素丢失而产生黑边，有时会在三维软件渲染输出时添加预除效果，这样拿到的素材就是预除后的素材，参考效果如图6-128所示。

> **技巧提示** 预除后素材的特征为颜色边缘锐利没有过渡、有明显锯齿状、颜色像素范围大于alpha通道范围。这样的素材可以直接用于图层拼合。如果取得的是没有预除的素材，合成师就需要手动添加Unpremult（预除）节点。

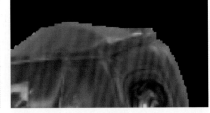

图6-128

在Read节点（原始素材）下方添加Unpremult节点，如图6-129所示。在其属性面板中设置divide参数为all，表示影响所有通道，如图6-130所示，这样隐藏图层也会一起被预除处理。

图6-129　　　　图6-130

技巧提示 如何判断是否需要保留Unpremult节点？

每次都添加Unpremult节点，然后连接背景并观察。对比添加Unpremult节点的效果和不添加Unpremult节点的效果，取更自然的效果。操作流程为"连接背景→选中Unpremult节点→连续按D键打开/关闭节点→观察物体CG边缘→判断保留还是去掉"。

6.7.3 搭建工程架构

01 连接背景。创建Merge节点，输入线B连接背景，输入线A连接CG部分的结果，如图6-131所示。

02 检查Unpremult节点。有了背景就可以检查Unpremult节点加得是否合适，这里需要显示合成的最终结果（工程中最后一个节点）。选中Unpremult节点，连续按D键，打开/关闭节点，观察画面，关闭Unpremult节点时的画面如图6-132所示。读者可以对比看出，关闭Unpremult节点后CG边缘有黑边出现，而打开Unpremult节点时CG边缘是正常的。因此，需要保留Unpremult节点。到这里CG工程架构就算搭建完成了。

图6-131　　　　　　图6-132

技巧提示 接下来可以为拍摄素材添加alpha通道，即使用Shuffle节点添加一个纯白色的alpha通道。

技术专题：工程架构分析

有背景时背景是工程主线，Merge节点的B输入线对齐主线，其他部分使用A输入线连接，按照空间远近的关系分别添加到主线中。可以将左侧CG部分看作一个整体，相当于三维渲染的结果素材；右侧是背景素材。这两个画面的结果用Merge节点连接。这里可以创建一个特殊的节点Backdrop，为工程的节点区域做标记，如图6-133所示。

注意，开始创建节点时要做好布局计划，节点间距留大一些，因为后续调节时需要在中间插入Grade节点，需要提前留出摆放空间。

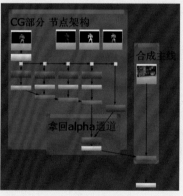

图6-133

6.8 画面艺术调节

本节介绍合成中的重点——画面调节的艺术性，主要包括合成效果调节公式、光影调节和黑值匹配。

6.8.1 合成效果调节公式

可以在每个灯光分层的分支线上加Grade节点，然后通过亮度控制每个图层的质感比重，因为增加亮度相当于增加这个图层的画面强度。注意，要避免用多个Grade节点调节一个画面区域，如图6-134所示。

图6-134

调节合成效果的公式为"发现问题→找出问题→解决问题→思考总结"。

01 发现问题。这里的调节对象主要是机器人,所以主要调节亮度、颜色和对比度。以实拍背景作为参考,对比背景和机器人,会发现亮度、颜色和对比度都没匹配上,如图6-135所示。

技巧提示 找出问题指的是在节点图中找到需要调节的节点。这里注意,一定要在根源上解决问题,只有Diffuse图层和rgba图层有颜色信息。这里读者可以打开前面的节点图,观察rgba图层的节点线。

因为前面连接的是Copy节点的A输入线,Copy节点的A输入线获取的是alpha通道的信息,也就是说rgba图层的颜色信息到这里就被丢弃了,但它的画面对最终结果不会有任何影响,所以可以排除rgba图层的问题。通过排除法,可以确定问题出在Diffuse图层。

图6-135

02 解决问题。要解决颜色问题,就要使用Grade节点,在Diffuse图层的Shuffle节点下添加Grade节点,如图6-136所示。

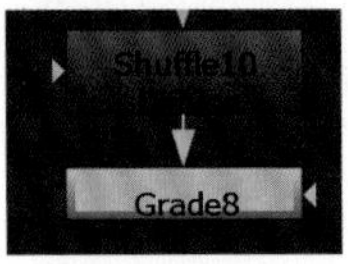

技巧提示 整个场景偏蓝,所以需要降低红色和绿色的比例,让机器人的蓝色比例高一些。这里可以使用gain参数调节颜色,使用multiply参数调节亮度。注意,参数设置没有固定标准,需要反复调试参数,观察画面,得到最终效果。

图6-136

03 思考总结。下次在制作CG合成需要调节颜色时可以直接优先考虑调节分支中的颜色图层,以便快速排除Copy节点A输入线连接的素材。

技巧提示 下面思考为什么没有在CG部分的结尾添加Grade节点,如图6-137所示。这样调节可以影响机器人的颜色,效果没有问题。但笔者不推荐这样操作,因为不符合以下3个合成规范。

第1个:在根源上解决问题。颜色的来源是颜色图层,所以根源应该在颜色图层的下方。

第2个:为有通道的素材调色时,Grade节点要添加在Premule节点和Unpremult节点中间。

第3点:CG调节的思路为"先分支再整体"。Grade节点添加在下方属于整体调节。

图6-137

04 继续观察,场景中的明暗对比不是太好,需要增加对比度。这里有两种方法:第1种为创建ColorCorrect节点,增大contrast参数值;第2种为减小Grade节点的gamma参数值、增大multiply参数值,实现增加对比度的效果。这里使用Grade节点调节对比度,可以将颜色调节和对比度调节分成两个Grade节点来进行,并且分别标记用途,如图6-138所示。调节颜色的Grade节点的参数设置如图6-139所示,调节对比度的Grade节点的参数设置如图6-140所示。

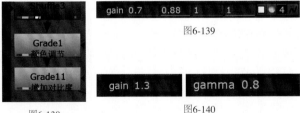

图6-139

图6-140

图6-138

技巧提示 调色操作除了使用Grade节点,还有另一种方案。调节颜色的Grade节点只用到了一个gain参数,gain参数和multiply参数的效果完全相同,multiply参数有独立节点可以使用。鉴于"功能相同的节点,参数越少越节省系统资源的原则",在CG分层中调节时如果只需要简单地调节颜色或亮度,可以优先使用Multiply节点,如图6-141所示。

Multiply节点默认影响所有通道,因为后面会复制正确的alpha通道,所以就算分支中的Multiply节点影响到alpha通道也没有关系。如果为了更严谨而减少节点的多余运算,则可以将节点影响的通道改为RGB模式。

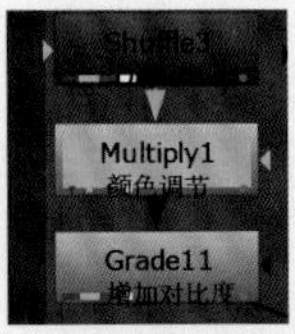

图6-141

6.8.2 光影调节

观察画面中的柱子，可以判断出机器人的明暗面对比不够明显，缺少立体感。可以根据柱子判断一下光源方向，柱子左侧内边有影子(箭头A)，说明画面左侧应该有光源，才会让背后有明显阴影区域；柱子右侧外边(箭头B)的亮度明显高于其他面，说明画面右侧也有一个光源，如图6-142所示。

可以看一下前后镜头的画面，对这个空间的环境进行判断，画面右侧有一个很亮的光源，比较容易确定主光在右侧，如图6-143所示。

图6-142

图6-143

现在模型的灯光效果是按照真实的场景情况渲染出的，机器人会被左右两边的光源照射，并且两边光源的强度差不多，因此主光方向不是很明确。为了让二维画面的艺术效果更好，可以让CG物体的明暗面的对比略微明显一些。因此可以将机器人主光方向的面（定在右侧）的亮度提高，将左侧面作为暗部进行压暗处理。

1.mask通道

因为调色要先得到需要影响的区域的mask通道，所以要确认案例提供的素材中是否有可用的mask通道。这是一个有光源方向的mask图层，如图6-144所示，单独显示它的红色通道和绿色通道，这分别是两个方向的mask通道，如图6-145和图6-146所示。这里可以用红色通道中的白色范围作为主光mask图层。

将需要的mask颜色信息放在alpha通道中。创建Shuffle节点，将左侧的rgba.red连接到右侧的rgba.alpha，如图6-147所示。此时，显示alpha通道就可以看到需要的mask黑白图形。

图6-144

图6-145

图6-146

图6-147

2.mask通道进一步处理

mask黑白图形的亮度决定每个区域的影响强度。亮度为1表示完全影响，亮度为0表示不影响，即亮度越高影响越多。当前mask黑白图形的整体亮度偏低，调节时影响强度也会偏低，所以可以增加整体亮度，让最亮的区域更接近白色（亮度为1）。

在Shuffle节点下方添加Grade节点，如图6-148所示，增加亮度，注意修改影响强度的通道为alpha通道。根据合成法则，alpha通道的数值不大于1，所以为了保险起见可以勾选white clamp，具体要设置的参数如图6-149所示，alpha通道的效果如图6-150所示。

图6-148

图6-149

图6-150

> **技巧提示** mask通道一共有两个任务：提亮主光方向区域和压暗暗部，现在主光方向区域提供了mask图层，但是暗部没有提供mask图层。
>
> 可以灵活变通一下，先用Grade节点整体压暗亮部和暗部，然后用另一个Grade节点将亮部提亮两倍。这样左侧暗部被压暗，右侧亮部则被提亮。

3.颜色调节

01 在所有分层拼合好之后（Copy节点之后），要在Premult节点之前添加Grade节点，降低整体亮度，如图6-151和图6-152所示。

02 添加第2个Grade节点，连接刚刚准备好的主光方向mask图层，增大gain参数值，如图6-153和图6-154所示。对比效果如图6-155和图6-156所示。

图6-151 图6-152

图6-153

图6-154

图6-155

图6-156

4.其他调节

到这里大部分效果已经做好了，读者还可以根据自己的想法进行一些微调。当前机器人的暗部不够暗，可以减小gamma参数值。注意工程里已经有一个Grade节点了，这是会影响机器人整体的，所以可以调节已有节点，不要再多加Grade节点。选择之前降低整体亮度的Grade节点，减小gamma参数值，让颜色倾向背景颜色，如图6-157所示，效果如图6-158所示。

图6-157 图6-158

6.8.3 黑值匹配

下面介绍合成匹配中的一个重要步骤——黑值匹配。

实拍镜头中所有最暗（黑）部分的颜色都是一样的，制作合成时也要让添加的素材的暗部颜色和场景中最暗部分的颜色匹配。将视图窗口中的画面调整到曝光状态，如图6-159所示。可以看到实拍背景中最暗的部分的颜色是墨绿色，且亮度差不多，但机器人最暗部分的亮度和颜色明显不匹配。

黑值匹配操作就是为画面中的最暗部分调色，这部分的mask通道可以通过Keyer节点获得。Keyer节点添加在Grade节点之后，Premult节点之前，如图6-160所示。

图6-159

图6-160

1.设置节点

先设置Keyer节点得到mask通道，再设置Grade节点处理颜色。将Viewer节点连接到Keyer节点上，将视图窗口切换到Alpha模式,方便观察输出的mask通道画面(alpha通道画面)。勾选Keyer节点的属性面板中的invert,调节A、B手柄。让机器人最暗部分变为白色,其他部分变为黑色,如图6-161所示。

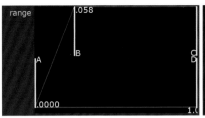

图6-161

> **技巧提示** 因为背景部分原本是黑色,所以反向后会变成白色,但是背景部分没有任何像素,所以不会被影响,这里只观察机器人的颜色范围即可。通道调节完成后将视图窗口的Alpha模式切换回RGB模式,如图6-162所示。

图6-162

2.Grade黑值颜色匹配

调节Viewer节点的连接位置,显示整个合成的最终结果。因为Grade节点的mask输入线连接着带有暗部alpha范围的Keyer节点,所以这时调节Grade节点只会影响机器人的最暗部分。有两种制作方法。

方法1:匹配数值

根据所学技能查看一下背景中最暗部分的RGB数值,然后将机器人的RGB数值调节成一样的即可。

方法2:利用生产的技巧

01 取当前CG颜色,即使用blackpoint参数右侧的"吸管工具" ✎ 吸取CG物体最暗部分的颜色,如图6-163所示。吸取时可以将Grade节点关闭,防止出现颜色闪烁的问题,如图6-164所示。激活"吸管工具" ✎后在画面中按住Ctrl键并单击,如图6-165所示。

图6-163　　　　　图6-164　　　　　图6-165

02 获取实拍背景颜色。激活lift参数右侧的"吸管工具" ✎,吸取背景中最暗部分的颜色。注意,在吸取背景中最暗部分的颜色时可以将视图窗口中的画面提亮,方便查看,如图6-166所示,吸色后的参考参数如图6-167所示。

图6-166　　　　　图6-167

03 吸取后画面中会有一个红框,如图6-168所示,按住Ctrl键并使用鼠标右键单击画面,即可取消。打开之前关闭的Grade节点,查看调节效果,如图6-169所示。

> **技巧提示** 这两种方法都可以使用。正常工作会使用第2种方法,然后根据画面效果手动微调参数。

图6-168　　　　　图6-169

3.原理解析

当使用lift参数为黑色(亮度为0)调色时,画面颜色的结果数值就是lift参数值,例如用Grade节点连接亮度为0的纯黑色Constant(色块)节点,如图6-170所示,将lift参数值设置为0.1,如图6-171所示,查看视图窗口中的颜色结果,发现R、G、B通道的颜色数值都为0.1000,如图6-172所示。

图6-170　　　　　图6-171　　　　　图6-172

如果使用"吸管工具" ✐ 吸取案例背景的颜色或手动输入背景R、G、B通道的颜色数值,色块就会被调节成和背景完全一样的颜色。但是如果原本颜色不是0,即还有其他颜色,就会和新调节的颜色混合在一起,没法通过直接吸取颜色来得到背景颜色。

至于blackpoint参数,如果提供一个原始亮度为0.1的Constant节点,如图6-173所示,参数值也设置为0.1,如图6-174所示。最终结果会变为黑色 (亮度为0),也就是说blackpoint参数会减去颜色,blackpoint参数值为多少,就会去掉这个数值的颜色。

图6-173　　　　　图6-174

> **技巧提示** 根据以上内容能得出以下结论。
>
> 第1个: 如果CG内容暗部的颜色是纯黑色,则直接用"吸管工具" ✐ 吸取和背景一样的颜色就可以完美匹配。
>
> 第2个: 可以用blackpoint参数将颜色数值归零。

6.9　噪点匹配

噪点匹配是电影制作中很重要的一部分,也是让CG内容与画面更融合的手段。噪点就是拍摄画面中闪烁的颗粒小点,放大画面并播放时可以明显看到,如图6-175所示。R、G、B这3个通道中的噪点强度都不同,需要分别检查并匹配。

当前背景是实拍的,所以有噪点,现在需要给机器人添加噪点,并且匹配背景的噪点状态。噪点的属性有主要强度、颗粒的大小和颗粒的形态。

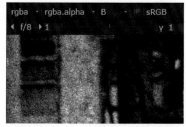

图6-175

6.9.1　加噪的节点连接

加噪的常用节点是 F_ReGrain节点 (要使用Nuke X),如图6-176所示。创建F_ReGrain节点,将其连接到工程的最后,即为整个合成结果添加噪点 (包含背景)。

图6-176

Grain输入线是用来采样噪点形态的,将它连接到有噪点的原始素材 (背景),让节点能够采样背景的噪点形态。

01 连接素材。复制一个背景素材,在背景素材下方添加FrameHold节点,使用Grain输入线将它们连接起来,如图6-177所示。因为播放时每一帧的噪点形态略微不同,所以要将采样的素材锁定为一个截图,这样采样的噪点形态就可以始终保持一致。

02 拾取噪点。选中FrameHold节点,按1键连接Viewer节点,观看FrameHold节点的画面。双击F_ReGrain节点,画面中会出现采样框,如图6-178所示。将采样框放在一个纹理比较平整的位置,如图6-179所示。

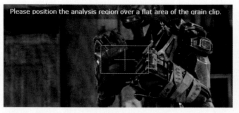

图6-177　　　　　　　　　　图6-178　　　　　　　　　　图6-179

技巧提示 如果将采样框放在结构复杂的区域，Nuke会将其他物体误当作噪点，这样会丢失画面细节。另外，采样框需要足够大，如果太小，则信息会不够，节点会报错。注意，也不需要太大。

现在画面处于全屏加噪状态，背景原本是有噪点的，现在的操作是为整体添加噪点，意味着背景上多了一层噪点；机器人原本是无噪点的，添加噪点后则有了一层噪点。现在存在以下两种情况。

加噪点前： 背景有噪点，可用；机器人无噪点，不可用。

加噪点后： 背景有两层噪点，不可用；机器人有噪点，可用。

使用Keymix节点分别取正确的画面拼合到一起，即"加噪点前的背景+加噪点后的机器人"，这里以加噪点前为主线，所以B输入线连接主线画面，用它替换机器人部分。

创建Keymix节点，B输入线连接之前的Merge节点，A输入线连接F_ReGrain节点，mask输入线连接需要替换的范围（机器人alpha通道）。机器人叠加背景后，alpha通道就变成全屏的状态了，所以要连接叠加背景之前的地方，取得机器人的alpha通道。创建骨骼节点，放置在拼合背景之前的节点线中，mask输入线连接骨骼节点，取得机器人的alpha通道，如图6-180所示。

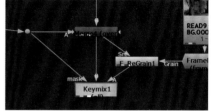

图6-180

6.9.2 原理解析和检查

下面检查一下加噪部分的节点连接是否正确，显示Keymix节点的画面，在F_ReGrain节点下临时添加一个 Grade节点，并大幅度提高亮度，如图6-181和图6-182所示。

观察画面中被提亮的区域，这就是加噪点被影响的区域，只有机器人被提亮了，说明节点架构正确，可以删除多余的Grade节点恢复画面。

图6-181   图6-182

技巧提示 为什么要在工程结尾为画面整体添加噪点？为什么不只给机器人加噪点，加噪点后再拼合背景？

第1点：单独给有通道的素材添加噪点时，CG内容边缘处可能会加不上噪点，或者强度不够。

第2点：画面中如果有多个CG内容，则分别多次加噪点比较麻烦。

第3点：加噪节点多了会拖慢软件的运行速度。

所以在工程结尾给整个画面一起添加噪点，再用Keymix节点将不需要加噪点的区域和需要加噪点的区域进行替换拼合。

6.9.3 分通道匹配技巧

在节点连接完成后还需要根据实拍素材匹配噪点状态，F_ReGrain设置好噪点采样框后，噪点形态可以自动匹配。

双击F_ReGrain节点打开属性面板，下面来了解一下其中的重要参数，如图6-183所示。Amount表示强度，Size表示颗粒尺寸。

展开 Advanced参数组，可以看到3组参数，分别控制 R、G、B通道。噪点分通道匹配时视图窗口中要显示Keymix节点的画面（最终合成结果）。这里以最先匹配的蓝色通道为例进行说明。

在视图窗口中按B键，观看蓝色通道，将画面放大，观察机器人和背景的噪点。先尝试增大强度或减小强度，寻找让机器人噪点看起来和背景噪点最相似的参数值，然后调节尺寸。参数设置如图6-184所示，效果如图6-185所示。

图6-183   图6-184   图6-185

注意，建议匹配两次，因为第1次调节强度时尺寸不匹配，所以强度可能有误差。以此类推，使用相同的方法分别去匹配其他通道。注意，F_ReGrain节点的功能极其强大，有时候不需要调节参数，默认效果已经处于匹配状态。节点最终的参数设置如图6-186所示，效果如图6-187所示。

图6-186　　　　　　图6-187

6.10 分层方式

常见的分层方式除了以质感分层，还有以光源分层。例如机器人在三维软件中被3个光源照亮，即key（主光）、fill（辅助光）和env（环境光）。那么可以将每个光源照射的范围渲染输出成一个图层，这种分层方式方便调节不同角度光源的比重，这3个是最基础的也是比较常见的光源，如图6-188所示。

图6-188

6.10.1 拼合方法

拼合方法与前面一样，按照"找到一个基础图层→叠加其他图层"的思路进行。如果所有图层都有颜色，就选一个颜色最多的图层当作基础图层。注意，光源图层都是黑色底的，黑色叠加用plus叠加模式。拼合后也要查看是否和rgba图层的完整画面效果接近。

01 使用 Shuffle 节点"拿出"所有分层画面，如图6-189所示。

02 以env图层作为基础图层，因为它看起来最像Diffuse图层，如图6-190所示。

03 Merge节点的连接思路不变。B输入线连接主线，A输入线连接需要叠加的图层，根据"黑色加"原则，将over叠加模式改为plus叠加模式，连接效果如图6-191所示。

图6-189　　　　　图6-190　　　　　图6-191

> **技巧提示** 使用同样的方法叠加所有光源图层，如果叠加后的效果与rgba图层类似，则说明叠加正确。

04 之后的操作与前面类似，即重置alpha通道，添加Premult节点和Unpremult节点，连接背景，节点图如图6-192所示。

> **技巧提示** 两种分层方式各有优势，一种能更方便地控制质感，另一种能更好地控制不同角度光源的比重。掌握了两种核心的分层方式，就可以应对第3种复杂方式，因为工作中大多时候遇到的问题需结合两种分层方式来解决。

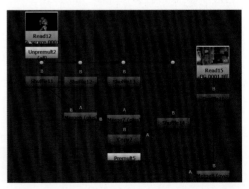

图6-192

6.10.2 混合分层方式

工作中比较可能拿到的工程的情况为"不同质感按照光源角度进行分层",如图6-193所示。这里漫反射分了3个层,即主光漫反射、辅助光漫反射、环境光漫反射。反射和高光也是一样的,包含主光反射、辅助光反射、环境光反射、主光高光、辅助光高光和环境光高光。

其实不管分了多少层,只要能够拼合到和rgba图层完整三维渲染画面的效果接近即可。操作思路都是一样的,即定义一个基础图层,如果有Diffuse图层,那么优先调节Diffuse图层;如果有多个Diffuse图层或者没有Diffuse图层,就找看起来最像的图层。当前素材可以使用env01_diffuse图层当作基础图层,如图6-194所示。

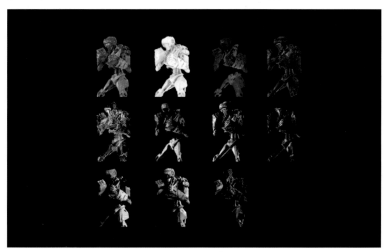

env01_diffuse

图6-193   图6-194

拼合时往往不需要将所有灯光分层连接进去,可能会有一些多余的或者重复的图层,用不到的图层和一些有特殊用途的辅助图层可以先放在一边。

6.11 常见辅助图层的使用方法

除了前面介绍的比较重要的图层,在合成工作中,还有一些辅助图层,读者可以适当了解并掌握,以备不时之需。

6.11.1 Normal图层

Normal(法线)图层很常见,大部分CG分层素材中都会提供,但一般用不到,如图6-195所示。通常可以将它的R、G、B通道分别当成3个角度的mask图层使用,如图6-196~图6-198所示。

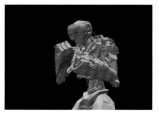   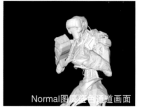

图6-195   图6-196   图6-197   图6-198

6.11.2 motion图层

motion（运动）图层主要用来制作运动模糊效果，图层中会记录CG模型的运动方向和速度，图层画面效果如图6-199所示，对应的RGB模式的画面如图6-200所示。

图6-199　　　　　　　　　　　　　　　　　图6-200

运动信息通常放在 motion图层中，这个图层有u通道和v通道。使用方法为将运动信息放在指定通道中，然后创建可以调取这个运动信息的VectorBlur（矢量模糊）节点。

如果素材的隐藏图层中带有正确的motion图层，则可以直接添加VectorBlur节点来制作运动模糊效果。还有一种情况是单独提供了一个包含运动信息的序列文件，单独提供的序列信息通常会直接放在这个素材的R、G、B通道中，这时候直接在视图窗口就可以看到motion图层的画面。

如果想让软件读取到这个运动信息，则需要使用Shuffle节点转换一下通道，A输入线连接有运动信息的素材，B输入线连接需要添加运动模糊效果的画面，即取A素材的rgba图层（运动信息所在的图层）提供给B素材的motion图层，如图6-201和图6-202所示。

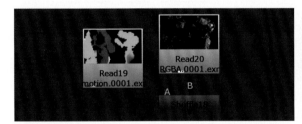 

图6-201　　　　　　　　　　　　　　　　　图6-202

技巧提示 将红色通道连接到u通道、绿色通道连接到v通道，运动信息只需要两个通道做载体，A素材中的蓝色通道和alpha通道是没有颜色信息的，不必连接。

下面检查验证。显示Shuffle节点的画面，在视图窗口中切换到motion通道，如图6-203所示。查看是否有正确的画面内容。

图6-203

确认通道转换正确后回到默认的rgba通道，然后在下方添加VectorBlur节点，配合motion图层，制作运动模糊效果。

在uv channels下拉列表中选择motion，如图6-204所示。观察画面结果，增大motion amount参数值，如图6-205所示，最终效果如图6-206所示。

图6-204　　　　　　图6-205　　　　　　图6-206

6.11.3 depth图层

深度信息需要放在depth（深度）图层中。depth图层只需要一个通道保存深度信息，即Z通道（深度通道），用于调取深度信息的节点是ZDefocus（深度镜头模糊）节点。对于图6-207所示的画面，图6-208和图6-209所示都是正确的depth图层。

图6-207

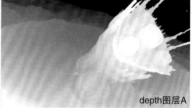

depth图层A

图6-208

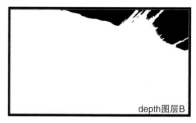

depth图层B

图6-209

> **技巧提示** depth图层的特点是颜色数值的大小按照空间远近有变化，画面的亮度会渐变。注意，有时候深度数值会超过1，这时视图窗口就会显示成白色。
>
> 注意，depth图层B大部分画面是白色，这种深度数值大的Z通道，很容易和alpha通道弄混，因此需要检查信息。

Z通道只需要一个深度信息，但R、G、B这3个通道的颜色数值一样，说明都有一样的深度信息，所以可任选一个转换到Z通道中，如图6-210所示。

`217.29596` `217.29596` `217.29596` `0.00217`　`909.63849` `909.63849` `909.63849` `0.00910`

图6-210

depth图层通常用于制作景深模糊效果。将深度信息转换到对应的通道中，用Shuffle节点获取素材A的rgba图层（深度信息所在的图层）提供给输出结果的depth图层，如图6-211所示。取rgba图层的红色通道连接depth图层的Z通道，如图6-212所示。

图6-211

图6-212

> **技巧提示** 如果depth图层作为隐藏图层和rgba图层被渲染到一个文件中，那么深度信息在正确的通道中，就可以省去调节通道这个步骤。只要保证在添加ZDefocus节点之前，隐藏图层中包含Z通道并且有正确的深度信息，就可以制作景深模糊效果。这需要在制作前可以在视图窗口切换到depth通道，检查是否有正确的深度信息。

01 确认深度信息正确后，在下方创建ZDefocus节点，如图6-213所示，配合depth图层制作景深模糊效果。

02 此时depth channel参数默认为depth.Z(depth图层的Z通道)，如图6-214所示。

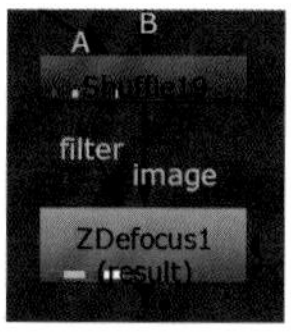

depth channel depth.Z

图6-213 　　图6-214

> **技巧提示** 现在有3个要考虑的因素，也对应3组参数。
>
> 第1个：哪里是清晰的，哪里是模糊的（焦点位置参数）。
>
> 第2个：清晰的范围有多大（实焦范围参数）。
>
> 第3个：模糊的程度有多大（模糊大小参数）。

03 可以拖曳画面中的控制点来修改焦点位置，如图6-215所示，焦点所在的位置是清晰的。也可以通过修改参数值得到需要的清晰位置，对应参数是focus plane (C)，如图6-216所示。

focus plane (C) 0.105

图6-216

04 depth of field（实焦范围）参数值默认为0，如图6-217所示，增大参数值，可以增大清晰的范围。

depth of field 0

图6-215

图6-217

05 模糊的大小由size和maximum两个参数控制，如图6-218所示。可以理解为size参数控制整体模糊大小，maximum参数控制画面中距离焦点最远处（模糊程度最大处）的模糊程度。实际使用要以画面效果为准，需要结合两个参数。

size 5   2
maximum 10   2

图6-218

在调节这3个参数之前，可以将output参数默认的result临时改成focal plane setup模式，如图6-219所示，对输出的画面进行颜色区分，如图6-220所示。

output ✳ result
☐ focal plane setup
layer setup

图6-219

图6-220

蓝色区域是背景模糊区域，红色区域是前景模糊区域，绿色区域是清晰的实焦区域，调节结果更直观。在焦点位置（绿色位置）和实焦区域（绿色区域）调节完成后，将output参数改回result模式，如图6-221所示。最后在正常的画面显示状态下（result模式），观察画面，调节模糊大小参数。

output result

图6-221

技术专题：使用Z通道制作雾气效果

这是depth图层的第2种使用方法，当作mask图层使用，需要注意两点：所在通道和数值范围。

第1点：mask信息需要放在alpha通道里才能被其他节点读取，所以需要将depth图层的画面放在alpha通道中。

第2点：Z通道的颜色数值可能会超过1，alpha通道的颜色数值是不可以超过1的，要先进行调色处理，范围为0~1。

下面进行Z通道颜色数值范围调节。在视图窗口，吸取depth图层画面中的颜色数值，查看最大数值是多少，如图6-222所示。

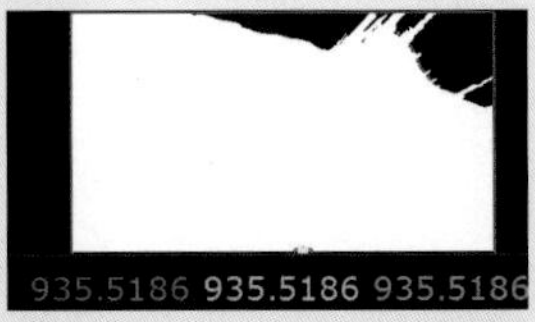

目前最大数值显示约为935.5，因为可以有一定误差，所以取整数950。创建Grade节点，如图6-223所示，设置whitepoint参数值为950（最大数值），如图6-224所示。这样画面会恢复到可见状态，如图6-225所示。

935.5186 935.5186 935.5186

图6-222

Read1
depth2.exr

Grade1

图6-223

whitepoint 950   ☐ ● 4

图6-224

图6-225

whitepoint参数值为950表示将画面中原本数值为950的压缩到1，原本数值小于950就会被压缩成小于1。这样就将颜色数值压缩到了0~1的可见范围。depth图层作为mask图层使用时，因为alpha通道颜色数值不能大于1，所以为了严谨可以勾选white clamp，这样它就变成了一个对近处影响大的mask图层，即近处亮度更高、对远处影响更少。

这样处理后可以单独对画面远处或者近处进行调色处理，通过对远处进行调色处理可以模拟出雾气效果。

（1）确保调节好的图像在alpha通道中，如果在其他通道中，则使用Shuffle节点将其转换到alpha通道中。对远处进行调色时远处应该是白色，所以需添加Invert节点，反转黑白区域，如图6-226和图6-227所示。

图6-226

图6-227

（2）使用Grade节点调整画面，增大lift参数值，通过调色模拟出雾气效果，mask输入线连接调节好的Z通道，如图6-228和图6-229所示。效果如图6-230所示。

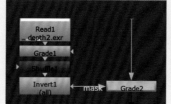

图6-228

图6-229

图6-230

6.11.4 mask图层

mask图层（ID图层）如图6-231所示。其4个通道可能分别带有一个mask黑白图形，直接使用Shuffle节点将需要的对应通道的信息放到alpha通道中使用即可。

图6-231

6.11.5 Cryptomatte图层

这种五颜六色的图形图层也是一种mask图层，每个颜色代表一个mask分区，如图6-232所示。该图层需要配合Cryptomatte节点使用。

图6-232

将Cryptomatte节点连接到素材下方（见图6-233），如果连接的素材中有Cryptomatte图层的信息，就可以看到Cryptomatte图层的画面效果。

Cryptomatte节点主要用于选择需要的颜色范围，也就是需要的mask范围。双击Cryptomatte节点，打开其属性面板，其中默认已经激活了Picker Add工具 ，按住Ctrl键并单击画面中需要的颜色范围，选中的范围会变成亮黄色，这就是生成的mask范围，如图6-234所示。

图6-233 图6-234

Picker Remove工具属于排除工具，如图6-235所示，使用它可以取消这个范围的选中状态。单击Clear按钮可以清除所有选择，如图6-236所示。

图6-235 图6-236

亮黄色范围的图形会自动产生alpha通道，这时候切换到alpha通道就可以看到吸取范围的mask黑白图形了。得到alpha通道后将其直接当作mask图层正常使用，例如连接Grade节点对区域进行调色操作，如图6-237和图6-238所示。

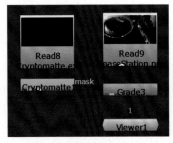

图6-237 图6-238

如果一个素材中带有多个Cryptomatte图层，则可以使用Layer Selection（图层选择）参数进行切换显示，如图6-239所示。

图6-239

技巧提示 Nuke v13版本后自带Cryptomatte节点，之前的版本则需要手动安装。

第 **7** 章

Roto技术与
擦除技术

本章将介绍合成工作中的Roto技术和擦除技术。合成中经常会用到Roto技术，擦除可以理解为画面修复技术，类似于Photoshop的修图技术。这些工作都有很多技巧。

7.1 Roto工作

在合成中需要区分Roto技术（Roto工作）和Roto工具（Roto节点）。Roto技术是合成师必须具备的基本技术，主要用于分离画面中的前景和背景，需要手动绘制出alpha通道的范围；Nuke中完成这个工作所用的工具是Roto节点。注意，会用Roto节点并不代表能做Roto工作。

7.1.1 Roto节点

Roto节点如图7-1所示。在Roto节点的工具栏的"曲线绘制工具" 上单击，可以切换不同的绘制工具，如图7-2所示。

图7-1   图7-2

在这些工具中，常用的是Bezier（默认）和B-Spline两个曲线绘制工具，主要用于绘制大部分图形。Ellipse和Rectangle是椭圆和矩形绘制工具，Open Spline是线条绘制工具，按V键可以循环切换到下一个工具。绘制时单击，可以绘制出尖角点；绘制时拖曳，可以绘制出圆角点。绘制完成后会自动切换到"选择工具" ，这时可以选中一个点或多个点进行编辑。

当选中多个点或所有点时，会出现变换框，如图7-3所示。注意，鼠标指针在变换框的不同位置时形状会发生变化。

当鼠标指针放在变换框内部时，可以整体拖曳所有被选中的点，如图7-4所示。

当鼠标指针放在变换框的4个角的外部时，可以旋转变换框，如图7-5所示。

当鼠标指针放在角点上时，可以通过拖曳角点来对变换框进行缩放，如图7-6所示。

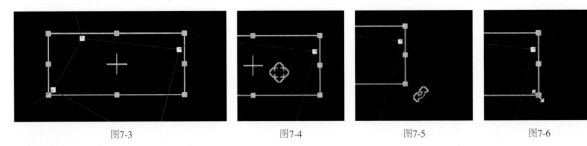

图7-3   图7-4   图7-5   图7-6

技巧提示 缩放时可以配合相应的键，按住Shift键并拖曳角点可以进行等比例缩放；按住Ctrl键并拖曳角点可以最远点为轴心进行缩放（最远点的位置不会被影响）；同时按住Ctrl键和Shift键，拖曳角点可以进行斜边调节，如图7-7所示。

按Z键可以让点更圆滑，如图7-8所示；按快捷键Shift+Z，可以让点更尖锐，如图7-9所示。

在调色时如果图形作为mask图层，则为了让过渡自然，经常会使用虚边作为过渡。这个时候可以按E键，然后会弹出过渡的虚边（虚线），连续按E键，虚边范围会扩大，如图7-10所示。按Delete键可以删除点。

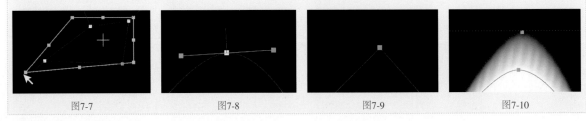

图7-7   图7-8   图7-9   图7-10

在使用Roto节点的时候,有以下3个注意事项。

第1个: 使用"曲线绘制工具" ![icon]绘制图形时,最后要在起始点上单击,让图形闭合。

第2个: Roto节点会被工程设置的尺寸影响,所以在开始制作项目前就要将工程尺寸设置好。

第3个: Roto节点的输入线通常不需要连接其他节点。

Roto节点有3种连接方式,通过修改参数能够实现相同的Roto抠像效果,连接方式如图7-11~图7-13所示。

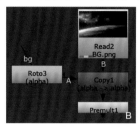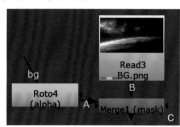

图7-11   图7-12   图7-13

> **技巧提示** 笔者推荐使用B和C的连接方式,即Roto节点的输入线不连接其他节点,其他节点连接Roto节点的输出线,读取它的alpha通道信息并使用。这样连接的优点是思路清晰,运算过程都在节点图中体现出来了。无须修改Roto节点的参数,以减少操作。这也是行业中合成师的工作习惯。虽然不修改参数不容易发现,但是少了一个节点还是很容易被发现的。同时,这样还可以减少参数调节,避免出错。

注意观察Roto节点的属性面板,spline key参数右侧会显示Roto曲线上的关键帧数量,如图7-14所示。右侧数字代表时间线上一共有多少个关键帧。第1个数字的背景为深蓝色时,表示当前时间滑块所在位置的帧为第几个关键帧。

spline key 1 of 1 ⏮ ⏭ 🔑+ 🔑-

图7-14

因为每次调节Roto节点时都会自动记录关键帧,当关键帧数量大于等于2时就会产生变形动画,所以对于不需要的动画,一定要记得删除其关键帧。在项目中Roto曲线滑动是一个严重的低级问题,在使用Roto节点时要多检查,避免出错。参数右侧的 ⏮ ⏭ 按钮用于快速切换到上一个/下一个关键帧, 🔑+ 按钮表示在当前时间点添加关键帧记录, 🔑- 按钮表示删除当前时间点的关键帧记录。

7.1.2 Roto工作流程

Roto工作流程为"准备工作→连接好节点图→观察画面并分析→绘制Roto图形 →检查结果"。

1.准备工作

与其他合成工作一样,先进行准备工作:导入素材→设置工程→保存文件。

2.连接好节点图

创建节点,连接节点,如图7-15所示。

第1步: 使用Shuffle节点给实拍素材添加一个纯白色的alpha通道。

第2步: 创建Merge节点,输入线B连接素材(Shuffle节点),输入线A连接Roto节点,将Merge节点的over叠加模式改成mask叠加模式。

第3步: 将Viewer节点连接给Merge节点,在彻底绘制完Roto图形前,将Merge节点关闭(快捷键为D键)。

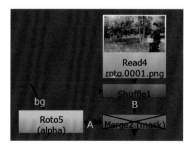

图7-15

> **技巧提示** 有时候通过Viewer节点观看原始素材或Roto节点,Roto图形的位置会和最终结果的Roto图形的位置不一致,所以建议先将节点连接完毕,然后看着结果进行绘制,这样可以防止上述问题发生。

3.观察画面并分析

观察图7-16所示的画面,大概了解需要抠像的部分的运动情况,思考制作方案,评估制作难度。这里主要分析是否有出画、遮挡、运动模糊、大小差异、虚焦、变焦等复杂问题。

图7-16

4.绘制Roto图形

挑选一帧作为绘制Roto图形的起始帧。观察需要抠像的部分,找到画面最完整、画质最清晰的一帧,在这里开始绘制。

5.检查结果

绘制完成后按照项目要求输出结果并检查。

7.2 Roto单帧与动态技巧

Roto工作的主要技巧是"化繁为简",即将复杂的工作拆解成简单的小模块,然后逐个击破。本节主要介绍Roto处理单帧(静态)和动态素材的方法。

7.2.1 Roto单帧技巧

Roto工作是需要沿着对象边缘进行勾勒的,通过绘制的图形得到alpha通道,然后使用alpha通道为素材抠像。需要抠像的对象的结构可能会非常复杂,所以需分区域操作。将复杂的图形分解成基本的几何面,如图7-17和图7-18所示。

遵循"不同对象要分开"的原则,同一个对象中每个单独的零件要分区域,边缘复杂的区域也要分区域,例如人体可以按照头部、躯干、肩膀、大臂、小臂、手掌、每根手指来分区域。

图7-17   图7-18

在遵循原则的时候也要结合镜头的实际情况,即分区域时要让每个区域有意义。当前案例手指在所有帧中都在盒子和身体区域,所以不必单独为手指分区域,也不用绘制手指的轮廓;手臂内侧在所有帧中都和身体始终紧贴在一起,所以不必准确地勾勒手臂内侧的轮廓。现在根据边缘的复杂情况再次划分区域,褶皱或者结构复杂的部分需要多划分区域,甚至可以为单独的褶皱分区域;不同对象还可以继续分,即用多个节点进行绘制,例如要分开人和背景的树,就可以为两个没有交互的对象分别使用不同的Roto节点。

读者可能会有疑问:这样分解导致线条过多,操作起来会不会很麻烦?其实这样对整个复杂图形进行分解,可以降低工作难度。另外,如果某一个边的制作效果不理想,则只需要删除某一个区域的图形,然后重新绘制即可,这样就避免了全部返工的情况出现,所以可以说这是比较科学的Roto工作方式。

1.不要画出镂空区域

当对象有中间镂空的结构时,不要在内部画出镂空区域,如图7-19所示,因为如果其他帧中有两腿前后交替的动作出现,之前的镂空区域就会消失,Roto点就无处放置了。

正确的方法是在外侧按照对象结构分区域绘制,如图7-20和图7-21所示。

图7-19

图7-20

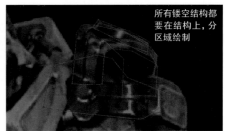
所有镂空结构都要在结构上,分区域绘制
图7-21

2.在哪个区域开始

初级阶段:优先绘制简单部分,然后绘制复杂部分;或者先绘制主体部分,然后绘制细节部分。

高级阶段:绘制区域没有明显的优先级,按照自己的习惯进行操作。

当前案例中,盒子的结构比较简单,所以可以考虑先绘制盒子。

3.边缘怎么画

每个点放置在何处是需要思考的。在对象运动或存在虚焦的时候,对象边缘会有一部分模糊的地方,橙色线是实边,蓝色线是虚边,如图7-22所示。

那么点可以放置在3个地方,即实边上、虚边上,以及虚边和实边的中间。比较简单的方法是"卡实边",因为实边比较好找,所以在刚开始学习时可以优先选择实边,便于操作。随着熟练程度的不断提高,建议以虚边和实边的中间为准,这样方便计算运动模糊。在工作中如果有具体要求,则请读者按照项目的要求选择点在边缘上的位置。

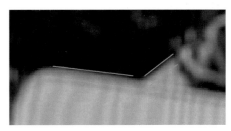
图7-22

4.点的数量和分布

点的分布需要有合理的安排,尽量用最少的点来勾勒出图形,因为每多绘制一个点,在其他帧中就要多调节一个点,会让工作量大增,从而耗费很多的时间和精力。

5.拒绝使用虚边

做逐帧精确的Roto工作时,Roto节点不可以拉出虚边,因为会增加边缘点的数量。如果要制作运动模糊和虚焦效果,则可以通过其他方式来制作。

6.点的位置相对固定

Roto工作的基本目标是点卡准边缘、播放时边缘不闪不抖。要实现这个目标,需要每一帧的点卡在边缘的位置几乎保持一致,即如果要卡实边,那么全程就都卡准实边。初学者容易找不准虚边,这个时候可以自己定义一个看起来比较接近的边缘,在其他帧都按照这个标准找到同样的边缘,尽量让点在边缘的位置统一。

Roto工作中每一步的小细节、每一个点的选择都要有理论依据支撑,一定要规划好再开始操作。

7.看不到的地方怎么画

在某一帧有出画、被遮挡,以及全程被遮挡的情况时,可以猜一下大概位置,然后放置Roto点。图7-23所示的盒子的右下角看不到,这里可以推测两个边缘相交的大概位置,放置一个点,让结构显得完整。

图7-23

7.2.2 Roto动态技巧

当前只完成了一帧的绘制,现在需要将所有帧的画面都抠像分离出来。不要一帧帧地调节,这里的技巧是找运动规律,在运动关键点的那一帧去调节图形,记录关键帧。这样可以减少关键帧数量,减少调节次数。

1.什么是运动关键点

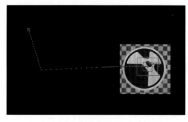

读者可以将其理解为运动速度变化、运动方向变化或物体形态变化的点。导入新素材并连接新的Roto节点,播放并观察素材,运动轨迹如图7-24所示。注意,点间距越大的区域,运动速度越快。下面对运动进行分析。

第1帧: 起始运动。

第1~18帧: 从左上往右下运动。

第19帧: 有方向转折,速度也更快,每帧经过的距离更长。

图7-24

第19~30帧: 向右运动。

第31帧: 速度减慢。

第31~40帧: 向右慢速运动。

第41帧: 速度加快,同时图形开始放大。

第41~50帧: 向右运动,图形放大。

第50帧: 运动结束。

这样只需要分别在运动状态改变的帧处添加关键帧,且保证在这些帧中Roto图形能与画面边缘对应,其他帧就可以自动对应上。运动状态改变的位置分别在第1帧、第18帧、第19帧、第30帧、第31帧、第40帧、第41帧和第50帧,也就是只需要进行8次关键帧记录,就可以匹配50帧的运动。

> **技巧提示** 这里演示的是理想状态,在实际镜头中素材的运动会更复杂,一定要多观察素材并寻找运动状态发生改变的关键帧,确保处理出来的效果无偏差。

2.将复杂的工作交给软件

合成工作的宗旨是"用最少的工作量完成目标"。读者可以尝试逐帧记录关键帧来制作Roto图形,这几乎是难以实现的。因为边缘必然抖动,毕竟我们的手不可能保证每一帧的点都绝对没有偏差,也没办法做到绝对的均匀平滑。

因此,在Roto工作中手动干预的操作越少越好。尽可能地让边缘的点的数量变少,从而减少记录的关键帧数量,让软件在两个关键帧之间计算运动。在所有运动状态变化的关键帧都记录好了后,播放,检查所有帧,找出位置不够准确的帧,增加关键帧记录,直到整体播放时每一帧都完美贴合边缘。

3.其他帧的形状调节

回到实拍素材中,之前在第50帧处绘制了第1个Roto图形,切换到第37帧,调节Roto图形记录第2个关键帧,如图7-25所示。这就要先调节整体形状,再调节细节。

 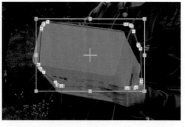

01 调节整体形状。框选所有点,整体调整Roto图形的位置、旋转角度和大小,让Roto图形尽可能贴着素材中的盒子,如图7-26所示。

图7-25   图7-26

02 进行斜切变形。按住Ctrl键和Shift键,分别拖曳4个角的控制点,做出类似CornerPin2D节点的调节效果,让Roto图形进一步贴合盒子边缘,如图7-27所示。一般到这一步基本就能够贴合物体边缘了。

03 对个别点进行调节。在整体基本对应上后如果还有个别点不准,可以对这些点进行微调,让Roto图形完全匹配边缘,如图7-28所示。如果所有点都处于选中状态,需要先单击空白位置,取消所有点的选中状态,然后单独选择一个点,调整其位置。

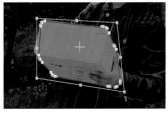 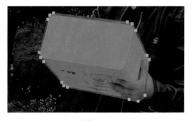

图7-27 图7-28

4.点的位置与多维度固定

点对点卡准,即点除了在实边和虚边的相对位置上要求所有帧统一,还需要在所有帧中始终卡在物体的相同位置。例如,绘制时盒子左上角有一个点,那么这个点在其他帧中都需要在盒子的左上角。这就是在所有维度和时间上都要让点和物体边缘是相对固定的,这样可以避免边缘抖动。

5.点消失时依然要固定

在Roto衣服褶皱时经常会出现一种情况,即在褶皱凸起处放置跟踪点后,其他帧的褶皱就消失了。这时候需要根据之前点在边缘上的位置,让新点依靠到物体的边缘上,同样尽量保持点的相对位置是稳定的,不要让点在边缘上滑动。

观察图7-29所示的效果,在耳朵尖处放置一个Roto点,播放到其他帧时耳朵融入头部区域。这时要让这个点保持相对位置稳定,即平移融入边缘,如图7-30所示。

  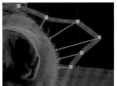 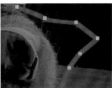 

图7-29 图7-30

> **技巧提示** 这里是为了举例演示Roto点的相对位置要稳定,在观察时如果发现有这种情况,则耳朵需要单独分一个区域绘制,这样可以更合理地避免Roto点无处可放的情况。

6.可以加点但不可以删点

在其他帧中调节时如果边缘形态变得复杂,即需要更多的点来控制形状,只能使用"添加点工具"■来纠正。注意,绘制Roto图形的过程中不可以删除点。绘制之前观察好所有帧的边缘情况,如果某个边缘在一定帧数内形态变得复杂,应该提前划分好区域,计划好点的数量,尽量避免在绘制过程中添加新的点。

7.懂得变通

学习时要明确目的,即得到目标区域的alpha通道,Roto工作只是实现这个目标的手段。因此,也可以考虑使用其他方法,例如使用Keyer节点,不要限制在一个节点或一种方法。

通常能全屏都用Keyer节点抠像的情况比较少,但个别边缘使用Keyer节点的情况还是比较多的。将可用范围使用mask图层保留下来,去掉其他部分,然后和Roto节点的通道结果拼合在一起。例如使用Roto节点绘制耳朵的绒毛细节,难度很大,这时就很适合使用Keyer配合Roto节点得到更多的细节,如图7-31~图7-33所示。

图7-31 图7-32 图7-33

7.3 跟踪和Roto节点

本节主要介绍跟踪和Roto节点的关系，包括跟踪点辅助Roto节点、Roto节点的跟踪。同样，本节会接着前面的案例操作。

7.3.1 跟踪点辅助Roto 节点

镜头中幅度小的运动比速度快的运动更难把控，因为幅度小不容易看出来抖动。对于幅度小的运动，可以使用Tracker节点计算出运动轨迹，然后使用跟踪点辅助Roto节点。通常只要素材有合适的跟踪点，且能跟踪得到运动信息，都建议优先使用跟踪的方式。因为这样省时间，也更准确。

01 跟踪时，先将节点连接到需要记录运动的素材上，如图7-34所示，进行跟踪操作得到运动信息，如图7-35所示。

02 将Tracker节点连接到Roto节点下方，连接方式如图7-36所示。当Roto节点下方有影响位置的节点时，一定要显示Roto节点和背景连接之后的结果节点，也就是图7-36中的Merge节点。这样画面效果和Roto图形的位置才是准确的。

图7-34

图7-35

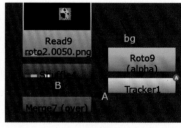
图7-36

> **技巧提示** 观察图7-37和图7-38所示的节点。Viewer节点如果直接连接背景素材或者Roto节点，顺着节点线往上查看，是没有经过Tracker节点的，这时候看不到Tracker节点的位移影响，Roto图形的位置显示不准确。

图7-37

图7-38

03 先选一帧，绘制好这一帧的Roto图形，添加Tracker节点后设置reference frame参数值对应的帧为绘制Roto图形的那一帧。如果制作好了跟踪，但还没绘制Roto图形，则计划在哪一帧开始绘制Roto图形，就先将Tracker节点的reference frame参数值调节到哪一帧，如图7-39所示。设置完成后，Roto图形会自动跟随物体运动。播放检查，遇到复杂运动的情况时需要手动微调以匹配形态变化；如果找不到准确的帧数，则记得添加关键帧进行处理。

图7-39

> **技巧提示** 在Roto节点后有关于修改位置的节点时，可能会出现画面被裁切的情况，如图7-40所示，可以尝试将Roto节点的属性面板的clip to参数设置为no clip，如图7-41所示。
>
> 这是因为Roto图形在移动时有些帧的画面超出了工程尺寸的画幅（画框）范围，画面就被裁切掉。将clip to参数设置为no clip，可能会产生大于工程尺寸的bbox（虚线范围框），如果bbox过大，则可以在位移后确定画框外的像素不在需要的位置，然后再添加Crop（裁切）节点，如图7-42所示，裁切掉工程尺寸之外的多余画面。

图7-40

图7-42

图7-41

Tracker节点在工程中会影响一定的运算速度,可以将运动信息导出成Transform节点使用,操作步骤如下。

第1步:找到Tracker节点的属性面板最下方的参数。

第2步:将Export(输出)参数修改为Transform(match-move, baked),如图7-43所示。

第3步:单击create按钮,生成Transform节点。

第4步:使用导出的Transform节点代替之前的Tracker节点。

第5步:删除无用的Tracker节点,优化工程运算速度。

图7-43

7.3.2 Roto节点的跟踪

Roto节点也可以进行跟踪计算,与Tracker节点的思路基本一样。创建Roto节点,其输入线连接素材,相当于用Tracker节点连接素材,取得运动信息。如果使用Roto节点进行跟踪,则获取运动信息时需要用输入线bg连接素材,如图7-44所示。

图7-44

01 创建跟踪面,类似创建跟踪点。使用Roto节点画一个图形,这个图形圈起来的整个平面区域相当于跟踪点。Tracker节点是点跟踪,Roto节点是面跟踪,整个面都是跟踪计算范围,将头顶贴纸圈起来,如图7-45所示。

02 设置Roto图形为跟踪模式,与设置Tracker跟踪点的步骤类似。在属性面板下方的图层列表中找到刚刚绘制的Roto图形所在的图层,单击鼠标右键,选择Planar-track。将Roto图形转换成跟踪模式,如图7-46所示。

03 分析所有帧的运动信息。转换跟踪模式后Roto图形的线段颜色会变成蓝色,如图7-47所示。图层列表中会多出一个名为PlanarTrackLayer1的图层组,如图7-48所示,之前的Roto图形所在的图层会出现在这个图层组中。

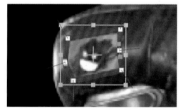

图7-45

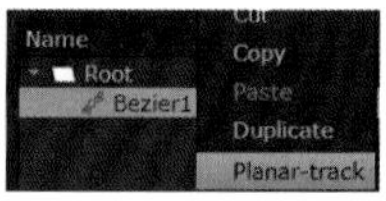

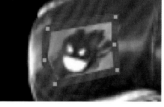

图7-46

图7-47

图7-48

技巧提示 视图窗口上方会出现与Tracker节点类似的跟踪运算按钮组,时间滑块当前所在位置是第1帧,所以单击"向后"按钮▶,分析并播放所有帧,如图7-49所示。

图7-49

04 使用运动信息。分析完成后Roto图形会自动跟随画面运动。这里按Tracker节点跟踪的步骤,在使用运动信息时将节点断开,重新连接到其他需要的位置上,如图7-50和图7-51所示。

图7-50

图7-51

技巧提示 跟踪的运动信息是保存在PlanarTrackLayer1图层组中的,绘制的Roto图形不会带有多余关键帧。当前Bezier1图层关键帧数量显示为1,如图7-52所示。这时候可以在位置不准确的帧中调节Roto点,同样需要添加关键帧来处理。

图7-52

1.技巧：多次使用

因为运动信息是保存在图层组中的，所以可以继续添加Roto图形，放置到图层组中获得运动信息，共同使用运动信息。

01 选中图层组，绘制Roto图形，这样新画的Roto图形会直接在PlanarTrackLayer1图层组中。之前记录的是头部运动，所以头部附近的区域都可以使用这个运动信息，现在将眼睛圈出来，如图7-53所示。

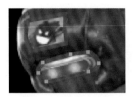

02 画完第1帧之后检查图层的层级关系是否正确，确定新的Roto图形是否在PlanarTrackLayer1图层组中，如图7-54所示。

图7-53　　　　　图7-54

> **技巧提示** 如果层级关系正确，则播放并检查动态，看一下是否需要为Roto图形手动补加一些关键帧。如果层级关系不正确，则可以单击新图层，将其拖曳到PlanarTrackLayer1图层组中。

2.技巧：实战应用

目标： 使用Roto跟踪功能进行辅助，绘制出右手臂。

在镜头制作中使用面跟踪时同样要找稳定的特征区域，注意跟踪面中的信息宁缺毋滥。如果在沿着手臂边缘绘制Roto图形的过程中有线段偏差，例如圈进来一部分背景或其他区域的像素，那么这些和手臂不同的像素会影响结果的准确度。因此，可以将取得运动信息和绘制Roto图形的工作分开进行，避免干扰问题。

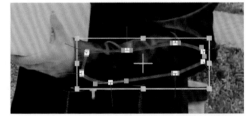

初期操作主要是为了取得运动信息，所以Roto图形的形状不需要很严谨。绘制的跟踪范围小于手臂范围即可，如图7-55所示。

图7-55

接下来分析运动，检查跟踪是否准确。虽然手臂有透视变形，手臂内部的Roto图形也会跟着变形，但只要Roto图形没有超出手臂范围，即整体是贴合的，就可以算作稳定可用的理想结果。

最后使用运动信息。因为之前绘制Roto图形时没有卡准边缘，已有的Roto图形是无法作为Roto图形使用的，所以需要在有运动信息的图层组中通过调整得到精确的手臂Roto图形。

方法1： 回到Roto节点中，按照手臂形态重新调节之前Roto图形的形状，卡准边缘，然后正常制作其他帧。这样做的缺点是没有分区域进行，只适合处理简单的Roto图形。

方法2（推荐）： 单击"小眼睛"按钮 ◉ ，隐藏原本的Roto图形，因为它只是用于获取运动信息，现在暂时无用；选中有运动信息的图层组，绘制新的Roto图形，按照Roto工作的原则，合理划分区域，如图7-56和图7-57所示。如果需要删除某一曲线，可以选中其所在图层，按Delete键。

图7-56　　　　　图7-57

3.拓展技巧：导出运动信息

01 在Roto节点的属性面板中选中有运动信息的图层组，如PlanarTrackLayer1，如图7-58所示。

02 在Export中设置导出节点类型，建议初学者选择简单的Tracker。这里建议取消勾选link output（关联输出），然后单击create按钮，如图7-59所示。

图7-58　　　　　图7-59

03 生成的Tracker节点带有4个运动信息，如图7-60所示。与正常制作跟踪的方法一样，将其连接到要使用运动信息的节点下方，正常勾选T、R、S，设置基础帧和运动类型。

04 生成的CornerPin2D节点的使用方法和Tracker节点一样，将其连接到需要运动信息的节点下方，relative和absolute是跟踪模式，建议直接选择relative，如图7-61和图7-62所示。

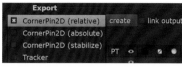

图7-60　　　　　　　　　図7-61　　　　　　　　　图7-62

技术专题：relative和absolute模式的区别

relative模式的节点参数如图7-63所示，absolute模式的节点参数如图7-64所示。

它们的运动信息一样，区别在于From选项卡中的起始点参数。

relative模式自动设置好了基础帧，即将绘制Roto图形的那一帧作为基础帧，相当于在基础帧进行了控制点位置重置。

absolute模式的起始点参数会显示创建节点的默认数值（见图7-64），画面整体会被变形，需要设置一个基础帧才能正常使用。

图7-63　　　　　　　　　　　　図7-64

对于带运动信息的CornerPin2D节点，其基础帧的设置方法如下。

01 手动复制，即在需要设置为基础帧的帧上复制CornerPin2D选项卡中的参数值到From选项卡中。在有关键帧的CornerPin2D节点中单击Copy 'to'按钮，Nuke会将关键帧一起复制过来，参数值的下方会出现蓝色，如图7-65所示。

02 使用鼠标右键单击参数右侧的按钮，在下拉菜单中选择no animation删除关键帧，只保留当前固定参数，这样就完成了基础帧的设置。在生成 CornerPin2D 节点时如果是默认的link output关联模式，如图7-66所示，则节点的属性面板中会多出一个reference frame参数，如图7-67所示。

图7-65　　　　　　　　　　図7-66 / 图7-67

技巧提示 默认情况下这里会设置为绘制Roto图形的那一帧。参数值下方有蓝色说明关键帧记录功能开启。如果需要修改，可以使用鼠标右键单击，取消动画，然后手动输入需要的reference frame参数值。

7.4 运动模糊效果

物体运动速度较快时边缘会生成运动模糊效果，绘制Roto图形时需要还原运动模糊效果。

方法1：将所有图层的运动模糊打开，图标会变成3根线拖尾的状态，如图7-68和图7-69所示，画面效果如图7-70所示。如果按照点卡在虚边和实边中间的标准绘制，则生成的运动模糊效果应该刚好和图像真实的模糊效果相同。

方法2：使用MotionBlur2D节点添加运动模糊效果。注意，有名称类似的节点，不要创建错误，如图7-71所示。

图7-68　　图7-69　　　　　图7-70　　　　　　　图7-71

创建MotionBlur2D节点，连接到需要添加运动模糊效果的节点，即Roto节点。2D transf输入线需要连接一个带有运动信息的节点，Nuke会根据2D transf输入线连接的运动信息生成运动模糊信息，例如连接带有手臂运动信息的Transform节点。因为MotionBlur2D节点只生成运动模糊信息，所以还需要使用VectorBlur节点来使用这个信息制作模糊效果。具体的节点连接如图7-72所示。

使用VectorBlur节点分为两个步骤：拾取信息（选择motion图层）和设置模糊大小（增大motion amount参数值）。出现图7-73所示的边缘拉丝效果，是因为Roto图形的画框不够大，模糊时会加大边缘范围，像素超出画框范围后会产生拉丝效果。

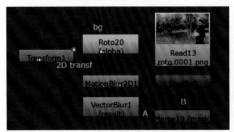

图7-72　　　　　　　　　　　　　　　　图7-73

解决方法是改变Roto节点的画框大小，在Roto节点下方连接Crop节点，如图7-74所示，Crop节点会将画框大小修改为工程项目的大小，此时效果如图7-75所示。

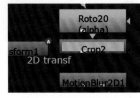

图7-74　　　　　　　　　　　　　　　　图7-75

技巧提示　带有运动信息的Transform节点如何获得？

第1种：根据画面运动手动创建获得。

第2种：使用跟踪方式获得。在Tracker节点的属性面板下方设置Export为最后一项，单击create按钮生成Transform节点。也可以直接将2D transf输入线连接到Tracker节点，还可以连接到带有关键帧的CornerPin2D节点。建议导出Transform节点，因为这样更省运算资源。

7.5 检查与输出结果

处理好相关效果后，会有一些瑕疵，这个时候就需要对结果进行检查，包含边缘颜色、质量等，再考虑输出。

7.5.1 检查边缘颜色

将抠像的结果画面放在其他背景环境中，会发现边缘不融合，如图7-76和图7-77所示。特别是在虚边和运动模糊效果明显时，能看到之前背景的残留颜色。

图7-76　　　　　　　　　　　　　　　　图7-77

这是正常的现象，Roto工作环节要保证像素范围是准确的，换新背景后需要对边缘进行修边处理，修边是抠像技能的一部分。让边缘和新背景融合，不仅需要修边，还需要根据新背景光影对画面颜色进行统一。对于修边技能，第8章会有介绍。

7.5.2 检查质量

绘制Roto图形后需要检查和提交流程。在工作中任何明显是因为没检查而遗留的问题，都是不可饶恕的，下面介绍一种常用的检查方法。

01 新建一个亮度为0.5的Constant节点，如图7-78所示，将其画面当作背景，将Roto节点的画面作为前景，效果如图7-79所示。

02 将Viewer节点的输入线1连接到合成结果，输入线2连接到原始素材，如图7-80所示。

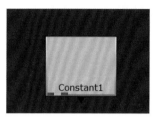

图7-78

图7-79

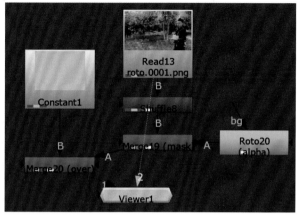

图7-80

> **技巧提示** 在节点图面板中的空白位置单击，不选择任何节点，按1键和2键，切换显示合成结果和原始素材。
>
> 逐帧检查静态画面：一帧帧地去和原始素材对比，检查边缘匹配情况。
>
> 播放检查动态效果：播放合成结果，检查有没有边缘抖动和闪烁等问题。

7.5.3 输出结果

接下来的工作是输出结果，有以下3种常见的输出方式，读者可以根据需求选择合适的提交方式。

1.正常输出带有透明信息的前景图像

将Write节点连接到前景结果（连接背景之前），如图7-81所示。注意，输出通道需要改成 rgba（带有alpha透明信息），然后选择一个可以携带alpha通道信息的文件格式，如.exr和.png，进行结果输出，结果如图7-82所示。

图7-81 图7-82

2.将所有通道都改成alpha通道输出

在Write节点之前添加Shuffle节点，获取alpha通道，连接给所有通道，画面中人物会变成白色，如图7-83~图7-85所示。

图7-83 图7-84 图7-85

3.每个对象单独分一个颜色通道（常用方式）

在一些复杂镜头中，每个对象需要单独使用一个Roto节点来处理。将这些Roto结果的通道分别放置到不同的颜色通道中输出，例如将盒子和人物分通道提交。如果开始绘制时没有分节点绘制，则可以将Roto节点复制一份，然后分别单击两个Roto节点的"小眼睛"按钮 ◉，关闭不需要的区域，得到盒子的Roto节点和人物的Roto节点。

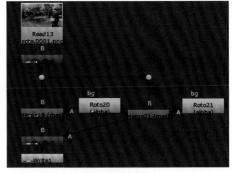

01 将人物的alpha通道信息放在红色通道中，将盒子放在绿色通道中，因为没有其他对象，所以蓝色和alpha通道闲置。创建Shuffle节点，连接两个结果，A、B输入线的连接顺序没有要求，但是读者需要清晰知道A和B输入线连接的是什么画面。当前A输入线连接的是盒子结果，B输入线连接的是人物结果，如图7-86所示。

图7-86

02 设置参数，取B输入线连接的素材的alpha通道连接到红色通道，取A输入线连接的素材的alpha通道连接到绿色通道，断开连接蓝色和alpha通道。这样相当于删除这两个通道的信息，只输出另外两种颜色，如图7-87和图

7-88所示。合成师拿到这样的通道文件时会再次使用Shuffle节点将需要的通道调取出来。注意，在视图窗口单独切换显示R通道和G通道时，可以看到两个通道之前的范围。

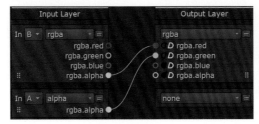

图7-87

图7-88

技术专题：3个区域如何拼接

如果还有其他的物体需要放在蓝色通道中，而Shuffle节点只有A、B两个输入线，需要再创建一个Shuffle节点，将其连接在上一个Shuffle节点的下方，B输入线连接之前的结果，A输入线连接新Roto区域，如图7-89所示。B输入线连接的素材的绿色、红色通道连接不变，A输入线连接的素材的alpha通道连接给蓝色通道，如图7-90所示。

图7-89

图7-90

除了前面输出的文件，有时候可能需要输出.nk文件，按照项目要求操作即可。

7.6 实例：制作双眼立体电影效果

本节将制作一个实例——比较常见的双眼立体电影效果，效果如图7-91所示。

7.6.1 原理介绍

这里简单说明立体电影的原理。

因为人的两只眼睛位置不同，一只在左一只在右，所以两只眼睛看到的画面是有一些偏差的。可以将手指放在眼睛前方，然后分别用左眼和右眼观看。右眼看到的手指会更偏左，左眼看到的

图7-91

手指会更偏右。物体和人眼的距离不同，偏差的程度也会变化，如图7-92～图7-94所示。大脑会根据这个画面的偏差，计算出物体的距离，这样也就有了立体感。

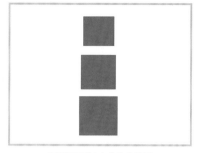
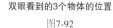
双眼看到的3个物体的位置
图7-92

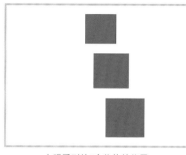
左眼看到的3个物体的位置
图7-93

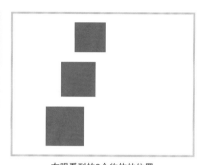
右眼看到的3个物体的位置
图7-94

　　立体电影主要根据人脑处理画面的原理来"欺骗"眼睛，思路是给左眼和右眼分别看到有视差的画面。影院播放立体电影时将左眼画面和右眼画面叠加在一起播放，这时候观者不戴眼镜就会看到重影效果。通过立体眼镜的左眼镜片，观者只能看到左眼画面；通过右眼镜片，观者只能看到右眼画面。这样就实现了将带有视差的左、右眼画面分别送到左、右眼，从而让观者感觉到电影画面有立体感。

　　得到两个有视差的视频的方法通常有两个。

　　第1个：使用立体摄像机直接拍摄出两个视频，再分别进行后期制作。这相当于模拟人眼，即将两台摄像机分别放在左边和右边，然后拍摄出两个带有视差的视频。这样的优点是效果真实；缺点是成本过高，两个视频的拍摄经费基本上是直接制作的双倍。

　　第2个：使用2D转3D（简称"2转3"）技术。这是比较常见的方法，即正常制作一个视频后通过特殊方法将其转换成两个有视差的视频。

　　为了方便读者理解大概原理，下面将进行演示。注意，这不是正常制作方法。

01 将画面按照空间的远近抠像分离，然后对抠像后的图层进行左右位置的偏移处理，如图7-95～图7-97所示。

原始画面
图7-95

抠像分离出来的猫
图7-96

抠像分离出来的前景
图7-97

02 使用Transform节点将猫向右移动10个像素，然后将距离更近的前景向右移动20个像素，将画面重新拼合到一起，就得到了向右偏移的画面。使用相同的方法再操作一次，这次使用Transform节点将猫向左移动，得到向左偏移的画面，这样就得到了两个有视差的视频，如图7-98和图7-99所示。

图7-98

图7-99

直接这样移动，效果会显得粗糙，比较常用的方法是使用depth图层制作偏移效果。依据depth图层为画面制作偏移效果，距离近的颜色接近白色，偏移更多；距离远的颜色接近黑色，偏移更少，如图7-100所示。

> **技巧提示** 这样可以控制得更仔细，得到的偏移效果的层次更丰富，真实感更强。在CG镜头中，会得到三维渲染好的depth图层，可以直接使用；而在实拍镜头中，需要使用Roto节点手动制作一个depth图层。

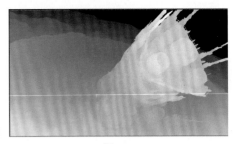

图7-100

7.6.2 准备工作

根据画面的空间关系进行区域划分，如图7-101所示，可以理解为前景1、猫爪2、猫头3、身体4、远景5、背景6。

制作3D立体项目时，还要多进行一个操作，即将Nuke工程激活成双眼模式。切记在开始制作之前激活双眼模式，这样新创建的节点会带有双眼功能。在设置工程后进入Views选项卡，如图7-102所示，单击Set up views for stereo按钮，设置成立体项目，勾选Use colors in UI，让左右眼的节点线以彩色显示，如图7-103所示。设置成功后，视图窗口上方会出现红色（左）和绿色（右）的左右眼显示切换按钮，如图7-104所示。

图7-101

图7-102

图7-103

图7-104

7.6.3 制作depth图层

前面划分了6个区域，下面简要介绍制作方法及注意事项。

1.第1个区域——前景

01 创建Constant节点，这里建议将亮度设置为0.95，使用Merge节点进行连接，将over叠加模式改为mask叠加模式，进行抠像。任务目标是制作第1个区域的depth图层，depth图层应该是纯色的，所以让Merge节点的B输入线连接给Constant节点，而不是猫素材。因为需要依照猫素材的轮廓绘制Roto图形，所以Viewer节点要连接到猫素材，以便显示画面。具体的节点连接方式如图7-105所示。

02 绘制Roto图形。双击Roto节点，按照画面结构绘制Roto图形，进行抠像，在画框边缘地方可以将Roto节点放在画面外，不用卡在边缘上，这样绘制速度更快，如图7-106所示。

图7-105

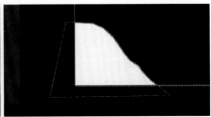

图7-106

2.第2个区域——猫爪

使用相同的方法制作第2个区域的depth图层,这里需要重新创建3个节点,即Constant节点、Merge节点和Roto节点,如图7-107所示。

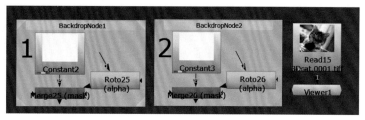

图7-107

技巧提示 因为在depth图层中空间距离越远,亮度越低,所以第2个区域的亮度要比第1个区域的亮度低,此处建议亮度设为0.8。

3.制作每个区域depth图层的注意事项

depth图层的颜色数值要小于1且大于0,注意根据素材中的空间关系和层次,合理设置每个区域的亮度,让距离近的区域更亮、距离远的区域更暗。亮度过渡要尽量平均且符合空间关系。重复操作,制作出每个区域的depth图层。亮度值参考如下。每个区域的节点图示意如图7-108所示。

前景区域亮度为0.95。

猫爪区域亮度为0.8。

猫头区域亮度为0.6。

身体区域亮度为0.4。

远景区域亮度为0.25。

背景区域亮度为0.05。

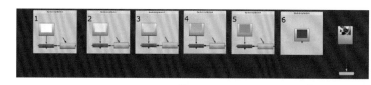

图7-108

这里补充一个绘制技巧:绘制时线条可以穿插到相近的区域中。

例如绘制猫爪时线条可以画到前景区域中,且必须穿插到前景区域,如图7-109所示,因为这样可以保证区域之间不会有缝隙。拼合时亮度高的区域会覆盖亮度低的区域,所以不可以将猫头的像素带进来,因为猫头比猫爪距离更远,会被覆盖。

图7-109

同理,绘制猫头时线段可以穿插到猫爪区域中,这里按照脸型绘制,如图7-110所示。绘制身体时左右两个区域可以使用一个完整图形来绘制,多圈进来的区域(前景、猫爪、猫头)都比身体近,即亮度更高的区域,如图7-111所示。远景区域左侧可以穿插到身体区域中,右侧需要画出画框,如图7-112所示。至于背景区域,所有区域都比它亮,所以不需要抠像,建立Constant节点,调节到合适的亮度即可,如图7-113所示。

图7-110

图7-111

图7-112

图7-113

当前每个区域内的亮度都一样,还可以做得更细致,例如猫头区域中鼻子更靠前,应该更亮,所以亮度值可以更大,这时可以使用Grade节点将中间区域提亮,如图7-114和图7-115所示。

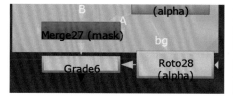

图7-114

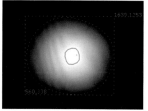

图7-115

新建Roto节点，绘制出中间更亮、四周更暗的Roto图形，连接Grade节点，这样调色时中间亮度会更高。为猫头的中间区域增加亮度，注意不要超过猫爪的亮度，如图7-116和图7-117所示。

Grade节点参数示意

图7-116

> **技巧提示** 可以使用此方法根据空间关系将所有区域都制作出一点亮度变化，最终的depth图层越符合真实情况，变化就越细腻丰富，效果也越自然。

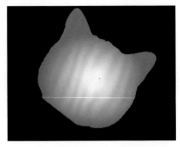

猫头调色后的效果

图7-117

7.6.4 拼合depth图层

所有区域处理完后将它们的depth图层拼合到一起。当有多个素材要连接到一起时，每次只连接两个且依次连接进主线。

01 以前景区域为基础。创建Merge节点，输入线B连接前景区域，输入线A连接猫爪区域，设置operation参数为max，如图7-118所示。这里的效果原理为每个像素会取输入线A、B连接的区域的最大的数值当作新画面的数值。

图7-118

02 再次叠加，继续新建Merge节点。输入线B连接刚刚叠加的结果，输入线A连接猫头区域，设置operation参数为max。继续重复操作，输入线B连接新结果，输入线A连接身体区域；输入线B连接新结果，输入线A连接远景区域；输入线B连接新结果，输入线A连接背景区域。节点的最终效果如图7-119所示。这样就拼合了所有depth图层，如图7-120所示。

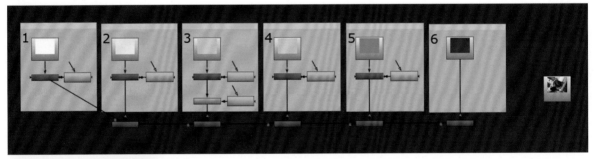

图7-119

图7-120

> **技巧提示** 右侧最后一个Merge节点是叠加完的最终结果。让这个Merge节点的摆放位置稍低于其他节点，以便快速找到这一组的最终节点。

7.6.5 使用深度信息制作效果

当前深度信息在rgba图层的R、G、B通道中，下面需要将这些深度信息提供给猫素材的depth图层的Z通道。

01 创建Shuffle节点，输入线B连接猫素材，输入线A连接拼合depth图层的结果，如图7-121所示。

图7-121

02 取素材A的rgba图层R、G、B通道中的任意一个通道，连接depth图层中的Z通道，如图7-122所示。

图7-122

> **技巧提示** 因为A素材的rgba图层中R、G、B这3个通道的数值一样，所以可以任选其一。depth图层只有一个Z通道，只需要一组数值。
> 下面制作偏移效果，思路是使用深度信息为画面制作偏移效果。为了使两只眼睛的画面不同，需要制作向左偏和向右偏效果。制作偏移效果有很多规则，偏移参数值太大或太小都可能导致效果不理想，参数不合适看久了还会让人眩晕。

03 这里提供了一组模板节点，读者可以直接嵌套使用。打开素材中的3D.txt文档，如图7-123和图7-124所示。

04 按快捷键Ctrl+A全选文档中的内容，按快捷键Ctrl+C复制。在Nuke的节点图面板中的空白位置单击，然后按快捷键Ctrl+V粘贴模板节点，如图7-125所示。

> **技巧提示** 可以直接复制Nuke中的节点，然后在Text文档中粘贴并保存，这样可以通过文档快速将节点发送给其他人。

图7-123 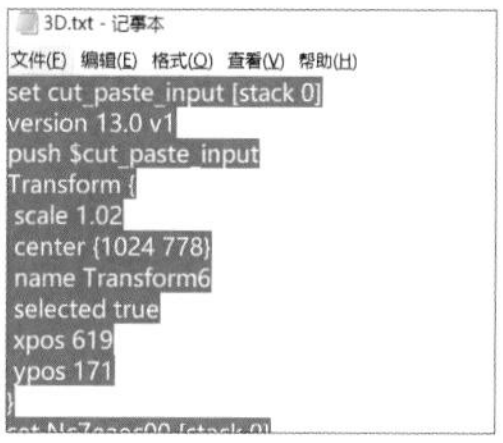　　　　图7-124　　　　图7-125

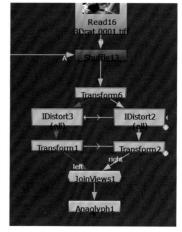

05 找到这组节点顶部的Transform节点，将它的输入线连接到Shuffle节点。下面的两个IDistort（置换）节点用于控制偏移强度，分别制作向左偏移和向右偏移效果。双击IDistort节点，分别检查通道设置是否正确，如图7-126所示。

UV channels depth

图7-126

> **技巧提示** Transform节点用于辅助控制偏移位置。JoinViews节点用于将左眼视频和右眼视频拼合到一起（画面中看不到变化）。Anaglyph节点用于将双眼视频同时显示在画面中。显示Anaglyph节点，就可以看到最终的立体画面，画面中会带有红蓝颜色偏移效果，如图7-127所示。佩戴立体眼镜就可以看到正确的立体画面。

图7-127

7.7 擦除工作用到的节点

擦除工作也有与合成准备工作相同的3个步骤，即导入素材、设置工程、保存文件。需要使用3个节点，分别是Shuffle、Denoise（去噪点）、RotoPaint，如图7-128所示。

Shuffle节点的使用是一种习惯，即在实拍素材下方添加一个Shuffle节点，赋予一个纯白的alpha通道。

图7-128

7.7.1 Denoise节点

擦除工作需要为素材去除噪点，这时需要用到Denoise节点。创建Denoise节点后视图窗口上方如果出现红色提示，如图7-129所示，不必理会。将采样框放到一个合适的位置，红色提示就会消失，如图7-130所示。

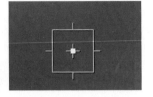

图7-129　　　　　　　　　　　　　　　　　图7-130

技巧提示　采样框需要放置在平整、纹理少、光源均匀的位置，以免Denoise节点将画面中的图案纹理当成噪点。唯一需要调节的参数是Denoise Amount（去噪强度），其默认值为1。对于噪点不是很多的素材，可以适当减小参数值，如图7-131所示。

图7-131

注意，噪点不是去得越多越好，因为去噪的同时会丢失一些画面细节，而且去噪过多还可能导致画面有斑块闪烁。

所以衡量去噪效果好坏的标准不是画面够不够干净，而是画面效果是否合适，即需要在噪点少、画面稳定不闪、细节最大化保留这3个维度中找到平衡，如图7-132所示。

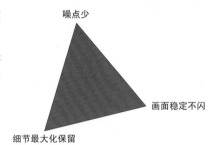

图7-132

一个成熟的合成师通过观察画面可以很快判断出合适的参数值，这需要积累大量的经验。对于初学者来说，可以使用推荐参数值，即Denoise Amount参数值为0.6。

7.7.2 RotoPaint节点

擦除工作要用到RotoPaint节点中的"克隆工具" 。使用"克隆工具" 之前需要进行初始化设置。双击RotoPaint节点，选择"克隆工具" ，在视图窗口上方可以看到需要设置的参数，如图7-133所示。

图7-133

主要参数介绍

opacity： 画笔透明度，为了让笔触更自然，需要降低画笔透明度。开始可以设置为0.1，之后根据绘制情况酌情调整。

hardness： 画笔硬度，控制笔触边缘的锐利程度，同样建议设置为0.1。默认笔触只在绘制的那一帧有效，想让笔触在所有帧都有效果，需要将single改为all。请读者根据需求判断使用single或all，如图7-134所示。

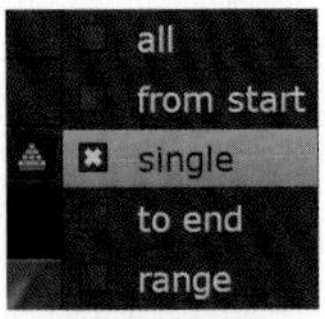

图7-134

设置好相关参数后，根据画面中需要擦除的区域调节画笔的大小和位置，如图7-135所示。注意，按住Shift键并按住鼠标左键进行拖曳，可以设置画笔大小；按住Ctrl键并按住鼠标左键进行拖曳，可以设置采样区域和画笔区域的相对位置。

以上设置完成后，就可以开始擦除工作了。

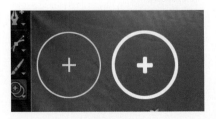

图7-135

7.8 贴片擦除

贴片擦除是常用的、最基础的擦除方法，特点是效率高、操作简单和效果好，通常也是首选的操作方案。贴片擦除的操作可分为四大部分。

7.8.1 基础帧

第1步是先制作一帧，得到一个擦除干净的单帧，将其作为基础帧（干净帧）。与Roto图形选择基础帧（起始帧）的要求类似，寻找画面最完整、画质最清晰的帧，先将这一帧擦除干净。得到基础帧的方法有3种。

第1种：找。 看一下需要擦除的画面区域在其他帧中有没有完整的画面可以直接使用。

第2种：拼。 可以将两帧或多帧的可用画面区域拼合起来，组成基础帧。

第3种：擦。 如果在素材其他帧中或者前后镜头的素材中都找不到可用的原始画面区域，那就只能通过"克隆工具"顺着纹理擦出一个基础帧。

以图7-136为例（第1帧），需要擦除Nuke图标，还原绿布背景。分析画面，Nuke图标始终在画面内，找不到可用的无遮挡基础帧。第1帧是Nuke图标在左，右侧画面可用；第30帧是Nuke图标移动到右侧，左侧画面可用，如图7-137所示。因此可以取第1帧的右侧画面和第30帧的左侧画面拼出一个完整画面。

图7-136   图7-137

计划好要将哪一帧定义为基础帧，然后用其他帧去补充基础帧。例如将第1帧定义为基础帧，那么需要做的是得到第30帧的可用画面，然后将其拼合到第1帧。截取第30帧的画面，抠出左侧的可用画面，将其叠加到第1帧画面上，需要下列操作。

截图： 创建FrameHold节点，设置first frame参数值为30。

抠像： 创建Roto节点和Merge节点。在Roto节点中绘制左侧区域，在Merge节点中将over叠加模式改为mask叠加模式。

叠加： 创建一个Merge节点，叠加两帧画面，并使用Transform节点对齐位置。

01 拼合两帧画面不需要使用RotoPaint节点。擦除工作需要去除噪点，所以上方需要创建Shuffle节点来添加alpha通道，创建Denoise节点来去除噪点，然后进行抠像操作，如图7-138和图7-139所示。

图7-138   图7-139

> **技巧提示** 注意Roto图形的线条不要太贴近画框边缘，避免出现裁切的硬边，如图7-140和图7-141所示。

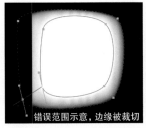 

图7-140   图7-141

02 得到第30帧的画面后使用Merge节点叠加，输入线B连接第1帧截图，输入线A连接第30帧抠像结果。这里第1帧的截图为FrameHold节点，叠加工具为Merge节点，对应位置为Transform节点或CornerPin2D节点，节点图如图7-142所示。

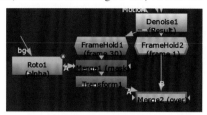

图7-142

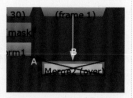

图7-143

1.复杂情况处理

当前画面左侧还有一些没有被覆盖掉的区域，如图7-144所示。对于这种情况，有3种解决方法。

图7-144

方法1

调节Roto线的位置，因为之前左侧还有一些富余空间，如图7-145所示，所以可以让Roto线更接近画框边缘，增加抠像范围，如图7-146所示。

方法2

素材播放时有向右的镜头运动，所以第30帧时左侧的可用画面区域不够大，继续检查其他帧，查找是否有可以用来覆盖这个区域的画面。这里可以用第15帧的画面修补左侧没有被覆盖掉的区域，如图7-147所示。

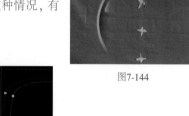

图7-145 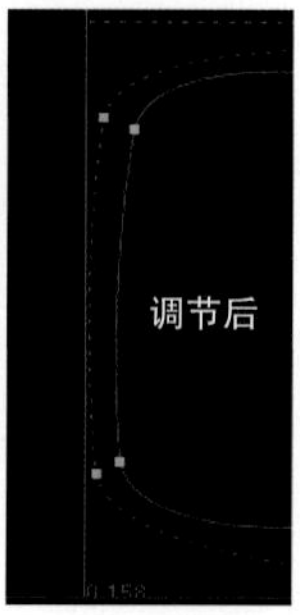   图7-146

图7-147

方法3

当其他帧无可用画面时，使用RotoPaint节点擦除方式进行修补。

注意活学活用，清楚最终目标是得到干净的画面，操作过程中只要可以得到需要的效果，任何方法和思路都可以使用（需要遵守合成基础规范）。

2.RotoPaint单帧擦除方法

在基础帧当前结果下方添加RotoPaint节点，设置opacity和hardness参数值均为0.1、生命为all（所有帧有效），如图7-148所示。

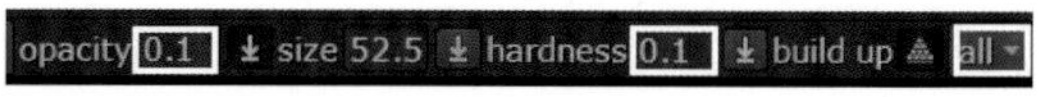

opacity 0.1 ↓ size 52.5 ↓ hardness 0.1 ↓ build up ⟳ all ▾

图7-148

笔触要点

为了让笔触边缘衔接自然，降低了画笔的透明度，但这也带来了弊端，即在一些纹理细节清晰的位置上有多层半透明的笔触叠加在一起，让纹理看起来模糊。所以绘制时有两点要注意。

第1点：笔触需要顺着纹理方向。

第2点：尽量不要在同一个区域绘制很多层笔触。

笔触数量控制

与减少Roto点的数量一样，也应该尽量减少笔触数量，将每一个笔触都用在必要的地方。如果某一个笔触绘制错误，则要及时按快捷键Ctrl+Z退回上一步。切忌用新的笔触覆盖错误笔触。

画质清晰

选择基础帧时要选择模糊最少、画质最清晰的帧,因为可以为清晰画面制作运动模糊效果或虚焦效果得到模糊画面,而无法通过模糊画面得到清晰画面。

擦除交互影响

前面提到,光会在物体之间反复地反射,如果将物体拿走了,那么一些交互影响也应该被擦除,如影子、反射、交互光等。

绘制过程

当前位置有一条横向纹理(褶皱),如图7-149所示,所以将画笔区域和采样区域都对准纹理处,让绘制后纹理能够自然。在绘制过程中要随时调节画笔大小、画笔区域与采样区域的相对位置,如图7-150所示。效果如图7-151所示。

 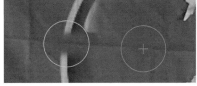 

图7-149　　　　　　　　图7-150　　　　　　　　图7-151

技巧提示 如果绘制前忘记修改画笔生命,例如Life显示的帧数为第15帧,则可以在属性面板中的笔触图层右侧单击数字按钮,在下拉菜单中选择all frames,如图7-152所示。

图7-152

7.8.2 跟踪运动

贴片擦除有两个关键点,一个是得到基础帧,另一个是得到准确的运动信息,这是判断一个镜头能不能擦除或好不好的依据。因此,在得到基础帧后,接下来要做的工作就是获取运动信息,让基础帧跟随镜头运动起来。

擦除工作算是合成中的一个单独模块,不只需要会用RotoPaint节点就可以,更需要有强大的跟踪技术。这里可以使用任何跟踪工具。在前面的内容中已经介绍过点跟踪和面跟踪,在实际工作中有些镜头适合用点跟踪,有些镜头适合用面跟踪,根据需求使用即可。

1.获取运动信息

使用点跟踪。创建Tracker节点,连接素材,获取镜头运动信息。因为需要擦除的面积比较大,所以至少需要两个跟踪点,同时开启旋转和缩放属性。当前素材的画面中的所有跟踪点都不是持续的,有些帧数会被遮挡,所以可以选择灯架和左侧的褶皱作为跟踪点的位置。

2.使用运动信息

这里将节点重新连接在基础帧的结果下方,如图7-153所示。

将T、R、S全部开启,即对应激活位置、旋转和缩放属性。因为制作基础帧时已经将第1帧定义为基础帧,所以Tracker节点的基础帧参数要设置为一样的帧数。现在是将整个单帧粘贴过来,需要擦除的图标区域没有这么大,所以使用Roto节点和Merge节点控制一下贴片(基础帧)的大小,即根据当前案例情况,在Tracker节点上方制作mask抠像,如图7-154所示。

 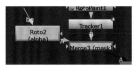

图7-153　　　　　　　　图7-154

7.8.3 融合匹配

需要检查粘贴的单帧是否和背景画面融合自然，合成工作都要检查最终效果是否匹配画面，与CG合成的融合匹配类似，思考各种可能影响融合的因素，依次检查并且进行匹配。下面是常见的3项匹配操作。

1.匹配颜色

因为获取的是单帧，但拍摄的视频中可能会有轻微的颜色变化，所以很容易遇到前一段匹配、后一段颜色有轻微变化的情况。这时可以使用Grade节点为颜色参数制作关键帧，分段匹配背景（当前案例无颜色变化）。

2.匹配虚焦

使用Defocus节点匹配虚焦（当前案例无须进行匹配虚焦操作）。

3.匹配运动模糊

因为使用跟踪方式对图标进行了移动，所以需要制作运动模糊效果，可以使用MotionBlur2D节点来制作。

第1步： 使用Tracker节点导出Transform节点。

第2步： 创建 MotionBlur2D节点，让2Dtransf输入线连接Transform节点；创建VectorBlur节点，将其连接在MotionBlur2D节点的下方，如图7-155所示。

第3步： 设置参数。为MotionBlur2D节点设置UV通道，增大motion amount参数值，如图7-156所示。

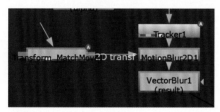

图7-155

图7-156

7.8.4 还原噪点

擦除前进行了去噪，擦除后要还原噪点。创建F_ReGrain节点和FrameHold节点，F_ReGrain节点的Src输入线连接合成结果，Grain输入线连接 FrameHold节点，FrameHold节点的输入线连接有噪点的原始素材。

根据最大化保留原始细节的原则，除了需要进行贴片擦除的区域，其他区域直接提取原始素材画面，这样可以保持原始噪点不变。使用Keymix节点获取有噪点的原始素材中不需要擦除的区域，将其与合成结果中需要擦除的区域进行拼合。创建Keymix节点，B输入线连接有噪点的原始素材，A输入线连接加噪结果，mask输入线连接擦除区域的alpha通道，如图7-157所示。注意，这里需要使用新的Roto节点绘制擦掉的图标区域通道，还需要用合成结果中需要擦除的部分替换原始素材。最终节点图如图7-158所示。

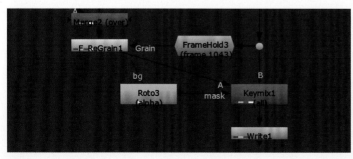

图7-157

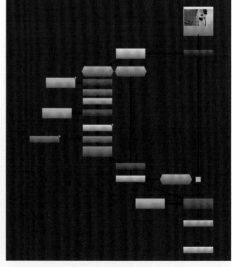

图7-158

7.9 逐帧擦除

与贴片擦除对应的是逐帧擦除（错帧擦除），逐帧擦除适用于没法跟踪或无法贴静态图片的镜头。注意，逐帧擦除是有技巧的，如果每一帧都去擦除还原，则没办法保证每一帧的画面完全一致，播放时必然会闪烁。

选择基础帧来制作第1个画面的擦除内容，方法是选其他帧的可用画面拼合或使用"克隆工具" 。为了让所有帧的画面前后一致，制作后面的帧时建议都用其他的画面修补需要擦除的画面。建议尽量选择临近帧，因为画面更接近，当然也可以利用刚擦好的上一帧的画面来修补下一帧的画面。

7.9.1 准备工作

同样，准备工作为导入素材、设置工程和保存文件。本次的目标为擦除图标，观察素材并分析镜头，制订方案，确定基础帧，素材如图7-159所示。

这里将第1帧当作基础帧，还原画面左侧被图标遮挡的部分。观察需要擦除的范围，在其他帧中寻找可用画面，第25帧的左侧画面可用。使用第25帧的左侧画面修补第1帧的画面，创建并连接节点，这里需要3个节点，分别是Shuffle节点、Denoise节点和RotoPaint节点，如图7-160所示。

图7-159

图7-160

> **技巧提示** Shuffle节点用于选择白色alpha通道，Denoise节点用于去除噪点。

7.9.2 设置RotoPaint节点

回到第1帧处，对RotoPaint节点进行初始化设置，选择"克隆工具" ，设置opacity和hardness参数值均为0.1。逐帧擦除时生命保持默认的single（只在绘制那帧有效），修改fg为bg，如图7-161所示，使用"克隆工具" 在节点的bg输入线采集画笔的图像。

图7-161

> **技巧提示** 如果直接使用"克隆工具" 绘制，会发现似乎没有什么差别，因为节点只连接了一条bg输入线。区别在于设置为bg模式后，左侧多出来了一个参数，即Δt（时间偏移）。
>
> 如果使用默认的fg模式，则"克隆工具" 会提取当前素材的当前帧画面作为采样区域的画面；如果使用bg模式，则"克隆工具" 会提取bg输入线连接的素材，以指定帧的画面作为采样区域的画面，而指定帧是通过Δt参数来控制的。

7.9.3 绘制擦除

绘制擦除的步骤有3个，依次为设置时间偏移、定位和绘制。

1.设置时间偏移

当前时间滑块在第1帧，需要取第25帧来擦除第1帧，差距为24帧，所以需要设置Δt参数值为24。

2.定位

勾选bg后面的onion，如图7-162所示，可以看到向后偏移了24帧（第25帧）的画面和当前帧画面的叠加状态，如图7-163所示。

图7-162

图7-163

接下来需要调节位置，让两个画面对应，即采样帧（第25帧）的画面对应第1帧的画面。放大画面观察，让像素严谨对应，调节画面中的控制手柄，其操作与Transform节点的控制手柄类似。这里可以分别调节采样帧画面的位置、旋转角度、大小，直到完全对应第1帧的画面。

> **技巧提示** 当鼠标指针在控制手柄中心时，按住Ctrl键并拖曳，可以调节控制手柄在画面中的位置。

3.绘制

画面对应好后，在调节采样区域和画笔区域的位置按住Ctrl键并拖曳，依然可以调节画笔大小，然后按住Shift键并拖曳，进行擦除，如图7-164所示。

这里也可以取消勾选onion，即只显示当前帧的画面。对于复杂的镜头，可以在擦除完一块区域后再次勾选onion，调节Δt参数和采样帧画面的位置，已经画好的笔触不会受到影响。

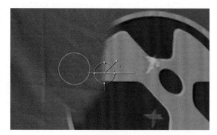

图7-164

第1帧

第1步： 设置时间偏移。设置Δt参数值为30（取第31帧的画面）。Δt参数值为负数表示取前几帧的画面。

第2步： 定位。勾选onion进行叠加显示，重新匹配位置。

第3步： 绘制。画面对应后取消勾选onion，进行擦除。采样帧画面和当前帧画面的匹配度很高，可以适当提高画笔的透明度以提高效率，完成第1帧，如图7-165所示。

第2帧

第1步： 设置时间偏移。此时Δt参数值为30，所以当前采样帧的画面为第32帧的画面。

图7-165

> **技巧提示** 从第2帧开始，Δt参数值有3种设置。
>
> 第1个：可以保持参数值不变，使用顺延帧数，即用之前采样帧的下一帧画面。
>
> 第2个：可以将当前参数值减1，设置为与第1帧相同的采样帧画面。
>
> 第3个：可以将Δt参数值设置为-1，每次都使用上一帧擦过的画面。

第2步： 定位。时间确定后勾选onion，调节画面位置。

第3步： 擦除。位置匹配后取消勾选onion（也可以不取消勾选，只是取消勾选后画面更清晰，没有叠加的干扰像素）。对于后续的所有帧，可以参考"第2帧"的设置和擦除方式进行操作。

> **技术专题：擦除的技巧总结**
>
> 擦除不同于其他功能，它是没有绝对的参数的，需要凭"手感"来进行操作，笔者总结了一些工作经验。
>
> **多检查**
>
> 第1步：检查单帧画面是否擦除干净。
>
> 第2步：擦几帧后播放已擦好的帧，检查画面是否有闪烁问题。不要等所有帧擦完后一起播放检查，这时侯如果发现画面有闪烁问题，就很难处理了。
>
> **多练习**
>
> 逐帧擦除最好在贴片擦除无法使用的情况下使用，它几乎可以应对各种擦除情况，但是它比较依赖基本功和熟练度。初学者需要多练习，提高擦除速度和减少画面闪烁的情况。
>
> **多种擦除方式结合**
>
> 实际工作中要灵活使用擦除方式，一个镜头里可以使用多种擦除方式。
>
> **控制笔触数量**
>
> 不要让一个节点中的笔触太多，要避免卡顿。以图7-166为例，当笔触数量达到200时（根据计算机配置酌情增减），需要在

下面重新连接一个RotoPaint节点，然后在新节点中继续进行擦除工作，如图7-167所示。

RotoPaint节点比较消耗软件的计算资源，一个节点上笔触过多会增加软件负担。另外，多设置节点的好处是方便进行预合成，提高效率。

预合成技巧

"预合成"是比较好用和常用的提高效率的方法，通常在各种合成情况下都可以显著地提高效率。

预合成就是将某一块的节点的画面渲染成结果画面。当某个区域的节点暂时不需要改动时，就可以将这部分节点的画面渲染输出成一个素材，再将这个素材导入Nuke，让下面的节点线连接到这个素材上，暂时代替原始节点。之前的RotoPaint和Denoise节点都是比较消耗软件计算资源的节点，目前使用底部的RotoPaint节点进行擦除，前面节点暂时无须改动。

那么可以将前面的所有节点的画面输出。添加Write节点，输出格式建议为.exr格式，因为.exr格式几乎不会降低画质，与连接原始节点效果基本一样。输出通道要设置为rgba，将输出结果导入工程，然后将下方节点线连在新导入的素材上，如图7-168所示。

这时上方节点暂时不参与运算，可以节省很多资源。当需要修改上方内容时，再将节点线连回原始节点即可，如图7-169所示。

使用预合成技巧时不要删除原始节点。如果有需要修改的地方，就连回原始节点，修改完成后再重新渲染即可。注意，保证渲染序列和原始节点的画面效果是同步状态，节点摆放整洁，要清楚预合成序列对应哪些原始节点。

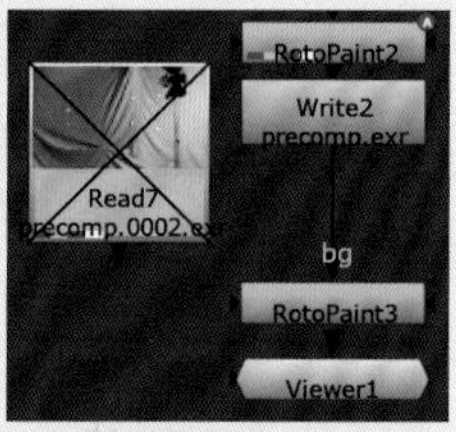

预合成的连接技巧

为了防止误删或者找不到原始节点，可以使用一个小技巧将节点连在一起，例如使用Switch节点，如图7-170所示。使用Switch节点的0输入线连接原始节点，1输入线连接渲染结果的序列，根据需要修改Switch节点的输入线来切换显示画面，如图7-171所示。

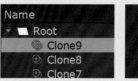

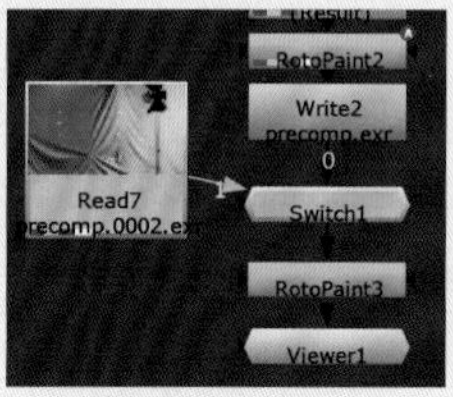

图7-166

图7-167

图7-168

图7-169

图7-170

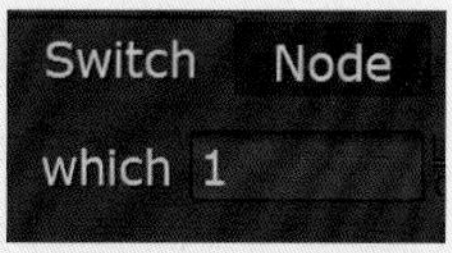

图7-171

7.10 实例：擦除移动中的滑板

本节将制作一个擦除案例，需要擦除滑板，保留人物，前后效果如图7-172和图7-173所示。同样，在制作前观看素材有没有运动模糊、虚焦、变焦、出画、遮挡等情况，评估制作难度和需要的时间，最后思考制作方案。

擦除前

图7-172

擦除后

图7-173

这里考虑使用贴片擦除法来制作案例。需要擦除滑板，但是要保留滑板上的脚，可以考虑将擦除区域里遮挡关系复杂的内容一并擦除，然后再将需要保留的部分抠像加回来。所以任务目标有两个。

第1个： 擦除整个滑板。

第2个： 抠像，还原人脚。

7.10.1 基础帧擦除

本小节将使用基础帧擦除整个滑板。

01 将第50帧定义为基础帧，使用第1帧画面修补第50帧来得到干净的帧。将第50帧定义为基础帧，创建两个FrameHold节点，设置其中一个FrameHold参数值为50，另一个FrameHold参数值为1，将第1帧的左侧画面抠出来，盖在第50帧的画面上。节点如图7-174所示。

02 Roto图形如图7-175所示。上方"卡"在草坪边缘，这样可以很好地将两张图的接缝隐藏，其他3条边拉出虚边，使用柔和过渡的方式进行融合。

图7-174

图7-175

03 拼图。将第1帧的抠像结果叠加到基础帧上，如图7-176所示。

04 得到完整基础帧。将Viewer节点连接到最后结果（最后一个节点），在属性面板中调节translate参数，让两张图对应纹理进行衔接，得到擦除好的基础帧，效果如图7-177所示。

05 裁切范围。因为只需要遮挡滑板，所以使用Roto节点抠出需要的部分。让Roto图形边缘顺着纹理方向，这样更便于融合。需要的干净帧范围如图7-178所示。

图7-176

图7-177

图7-178

7.10.2 跟踪运动

接下来的任务目标是让擦除好的静止地面跟随镜头运动起来，遮挡住滑板区域。

01 创建Tracker节点进行跟踪，如图7-179所示，获取背景运动信息。

02 需要取得整个地面区域的运动信息，所以在靠近两侧的边缘寻找合适的跟踪点，使用两个跟踪点跟踪记录缩放信息。跟踪点的位置如图7-180所示。

图7-179

图7-180

03 使用运动信息。设置Tracker节点，开启T、R、S，设置基础帧，调节运动方式，如图7-181所示。

04 为了优化工程运算速度，导出运动。在Tracker节点上导出Transform节点。回到Tracker节点的属性面板，在下方选择Transform（match-move，baked），单击create按钮，如图7-182所示。删除Tracker节点，将Transform_MatchMove节点连接到工程中，如图7-183所示。

图7-181

图7-182

图7-183

05 拼合。用运动的干净地面覆盖原始地面。新建一个Merge节点，让输入线B连接原始素材，输入线A连接擦除后的运动地面，如图7-184所示。

06 检查。显示新创建的Merge节点，检查当前结果，如图7-185所示。现在已经实现了用一整块干净地面遮挡滑板的目的，还需要查看跟踪是否准确、滑板是否完全被覆盖掉、纹理是否对应完好、颜色是否对应、是否有穿帮问题。确认当前效果正确后继续还原人脚。

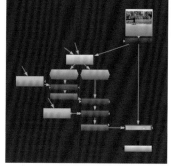

图7-184　　　　　　　　　　　图7-185

> **技巧提示** 检查发现画面边缘有bbox（虚线框）出现，如图7-186所示。可以在跟踪节点之后添加一个Crop节点，去掉多余的无用像素，优化工程运算速度，如图7-187所示。

图7-186　　　　　　　　　　图7-187

7.10.3 前景还原

接下来开始对人脚进行修复，这里需要创建一组抠像的节点，单独连接原始素材。

01 分别创建一个Roto节点和一个Merge节点，将over叠加模式改为mask叠加模式。节点的连接如图7-188所示。

02 在基础帧（第50帧）中抠出脚部区域。区域划分如图7-189所示。

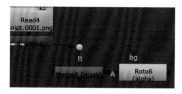

图7-188　　　　　　　　　　图7-189

03 人是在滑板上，运动速度变化不大，所以可以使用Tracker节点辅助跟踪出人的运动，提供给Roto节点。跟踪出滑板运动，创建Tracker节点，连接原始素材。跟踪点的位置如图7-190所示，注意跟踪点的内框不要框到背景像素，以免有干扰信息。这里使用单点跟踪即可。

04 使用运动信息。设置Tracker节点，调节基础帧为第50帧，调节运动方式，导出Transform节点。这里需要为Roto节点制作运动，所以导出的Transform节点连接在Roto节点下方，如图7-191所示。

图7-190　　　　　　　　　　图7-191

05 调节。显示Merge节点，按D键将Merge节点暂时关闭。双击Roto节点，为Roto节点制作关键帧。让Roto线条在所有帧都能和人脚匹配。因为有跟踪信息辅助运动，所以可以大大减少K帧数量（即记录关键帧的数量），K帧可以参考为每10帧K一帧，如图7-192所示。打开Merge节点，显示抠像结果，检查结果，如图7-193所示。

06 拼合。将抠像结果作为前景、之前擦除好的结果作为背景，创建Merge节点，输入线A连接前景、输入线B连接背景，效果如图7-194所示。

图7-192　　　　　　　图7-193　　　　　　　图7-194

7.10.4 最终调节

对结果进行检查和优化，检查贴片擦除的颜色是否和所有帧都匹配，检查是否需要制作变焦效果。此案例摄像机运动很慢，几乎没有运动模糊，所以擦除部分不需要添加运动模糊效果。但是人物运动比较快，需要为Roto节点的通道添加运动模糊效果，让Roto边缘更自然。因为Roto是使用跟踪方式制作主要运动，所以打开Roto内的运动模糊开关无法计算出正确的模糊效果。

这里需要使用MotionBlur2D节点计算运动模糊信息，然后将两条输入线都连接给上方节点，建议使用骨骼节点以避免节点线交叉，添加VectorBlur节点制作模糊效果，如图7-195所示，motion amount参数值为0.5。

图7-195

建议保持最终工程架构的主线在中间，节点线从上到下尽量摆成直线，其他部分通过Merge节点叠加到主线中，如图7-196所示。

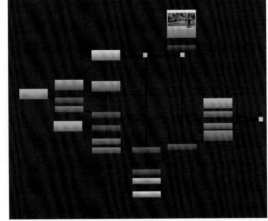

图7-196

第 **8** 章

抠像技术与高级跟踪

本章将着重介绍抠像技术中的节点、抠像理论、修边技术和真实工作中抠像工程的框架。抠像是合成工作中的一项重要工作。另外，本章还将拓展介绍高级跟踪技法，读者可以有选择性地学习这部分内容。

8.1 抠像节点

抠像是合成工作中不能忽视的一项工作，用于抠像的节点有很多，本节将介绍常用的抠像节点及其应用技巧。

8.1.1 Keylight节点的快速应用

Keylight节点的Source输入线主要用于连接需要抠像的素材，如图8-1和图8-2所示。使用该节点时应遵循"吸管取色→修剪黑色→修剪白色"这一流程。

图8-1　　　　　　　　图8-2

1.吸管取色

激活"吸管工具"，吸取画面中的背景颜色，目的是提取需要去掉的颜色。

第1步： 单击Screen Colour参数右侧的黑色方框，如图8-3所示，激活"吸管工具"。

图8-3

第2步： 按住Ctrl键和Alt键，然后单击画面中的蓝色或绿色区域，吸取后的RGB模式画面效果如图8-4所示。吸取后的Alpha模式画面效果如图8-5所示。

图8-4　　　　　　　　　　　　图8-5

2.修剪黑色

此时背景还不是完全透明的，需要进一步处理。展开Screen Matte参数组，如图8-6所示。设置Clip Black（修剪黑色）参数值为0.045，如图8-7所示，可以让背景区域更干净。

图8-6　　　　　　　　　　　图8-7

3.修剪白色

此时需要保留的人物区域的颜色不是标准白色，说明有半透明区域。观察画面中的alpha通道，设置Clip White（修剪白色）参数值为0.8，如图8-8所示，让需要保留的区域的alpha通道颜色变成白色，调整后的效果如图8-9所示。

图8-8　　　　　　　　　　图8-9

8.1.2 Keylight节点的应用技巧

下面介绍Keylight节点的应用技巧，主要有以下3个。

1.选择比较合适的取色位置

在第1步中进行取色时，因为画面中每个像素的颜色略有差别，所以可以多次单击不同位置，观察抠像结果，找到比较合适的取色位置。调节视图窗口，切换Alpha模式和RGB模式，可以更直观地看到抠像结果，取色测试效果如图8-10~图8-13所示。

图8-10

图8-11

图8-12

图8-13

通过上述测试，可以发现在RGB模式下，吸取画面左侧颜色的时候画面更干净；在Alpha模式下，吸取画面右侧颜色时背景的整体亮度更低（更透明），背景抠像结果更平均。因此可以得出结论，如果只是为画面的某个边缘抠像，那么吸取画面左侧的颜色更合适；如果为整个背景抠像，那么吸取画面右侧的颜色更合适。总之，通常优先选择背景亮度更均匀的取色结果。

技巧提示 吸取颜色后画面中会有红色标记，可以按住Ctrl键并使用鼠标右键单击画面，如图8-14所示。另外，取色完成后需要再次单击"吸管工具"来关闭它，避免误操作，如图8-15所示。

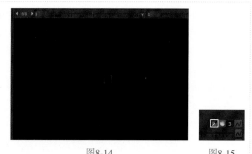

图8-14   图8-15

2.设置合适的参数

观察画面效果，缓慢增大Clip Black参数值，让人物附近的颜色变成标准黑色（完全透明）即可。对于远离人物的残留颜色，可以使用mask等方式处理。总之，设置参数时要满足以下3个要求。

第1个： 保留区域不会有半透明颜色。

第2个： 背景区域完全透明。

第3个： 边缘过渡要自然。

这是抠像的3个要求，也是Keylight节点的基础使用方法。抠像完成后可以连接背景素材来观察抠像结果，如图8-16和图8-17所示。

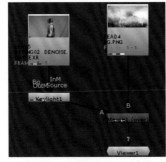

图8-16

图8-17

技巧提示 设置Clip Black参数和Clip White参数可以让抠像通道更干净，但是如果参数值过大，则会让主体边缘变得生硬，因此这里的参数设置幅度越小越好，如图8-18所示。不过，在工作时也会根据需要调节出边缘比较干净的效果，如图8-19和图8-20所示。

图8-18

图8-19

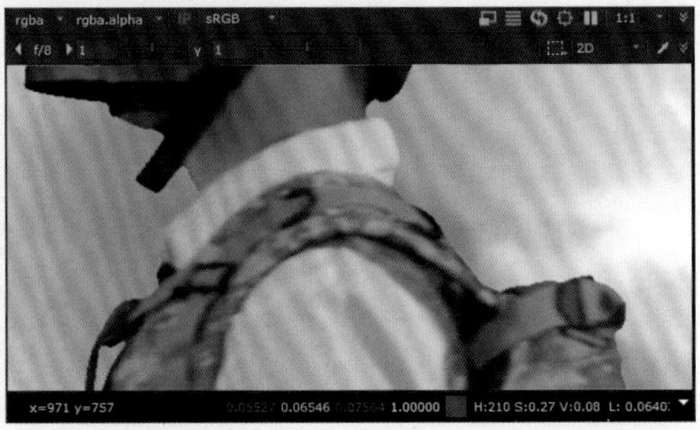

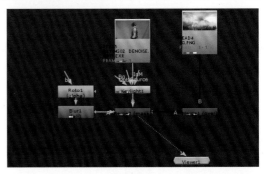

图8-20

3.排除遮罩

在抠像中通常会使用一个大概范围的Roto图形来排除远离人物的残留颜色，这被称为"排除遮罩"或"垃圾遮罩"。

第1步： 进行正常抠像，保证人物附近的区域效果合格，即内部无半透明颜色、边缘附近无残留颜色、边缘过渡自然。

第2步： 在抠像结果下方添加Merge节点，在A位置连接Roto节点，如图8-21所示；将over叠加模式修改为mask叠加模式且只保留Roto图形区域，也可以将over叠加模式修改为stencil叠加模式并剪掉Roto图形区域。

图8-21

技术专题： 使用Roto图形控制节点影响区域的操作建议

绘制Roto图形时不需要严谨卡准某个边缘，在经过画框边缘时可以大胆地画到边缘之外，参考范围如图8-22所示。

图8-22

为了让Roto图形的边缘过渡自然，通常会添加Blur节点使通道边缘变得模糊，避免出现硬边，如图8-23所示。完成效果和背景叠加效果如图8-24和图8-25所示。

图8-23

图8-24

图8-25

8.1.3 Keylight节点的高级使用技巧

将Viewer节点连接到Keylight节点，如图8-26所示，查看当前抠像结果，可以发现中间区域有半透明效果，如图8-27所示。

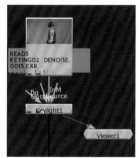

图8-26

图8-27

第1步： 增大Clip Black参数和Clip White参数的值，让通道更干净，如图8-28和图8-29所示。注意，Clip Black参数的值不能大于Clip White参数的值。

图8-28

图8-29

技巧提示 增大Clip Black参数值和Clip White参数值的好处是让通道更干净，弊端是边缘的虚边减少，融合度降低，如图8-30和图8-31所示。

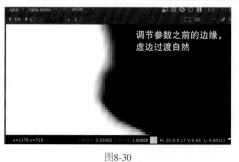

图8-30

图8-31

第2步：此时可以设置Clip White参数下方的Clip Rollback参数，让边缘附近不受黑白修剪参数的影响。这里设置Clip Rollback参数值为10，如图8-32所示，表示边缘外部10个像素和边缘内部10个像素的范围不会受到黑白修剪参数的影响，不会丢失边缘细节，如图8-33所示。

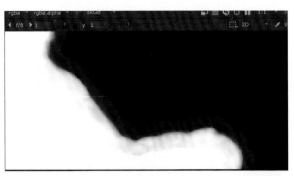

图8-32

图8-33

第3步：当前过渡过于生硬，可以设置Screen Softness参数，通过增大数值让过渡更加柔和。这里设置Screen Softness参数值为3，如图8-34所示，效果如图8-35所示。整体合成效果如图8-36所示。

图8-34

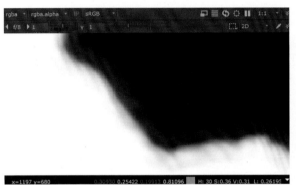

图8-35

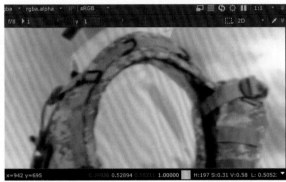

图8-36

8.1.4 Primatte节点

Primatte节点的fg输入线用于连接素材，如图8-37所示，其操作思路与Keylight节点类似。双击Primatte节点，打开其属性面板，如图8-38所示，"吸管工具" 默认处于激活状态。

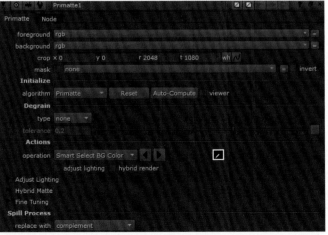

图8-37

图8-38

1.吸管取色

可以直接在画面中吸取需要抠除的区域的颜色，取色方法和Keylight节点一样。吸取绿色后的效果如图8-39所示。

图8-39

2.修剪黑色

在operation下拉列表中选择Clean BG Noise（清除背景），相当于修剪黑色，如图8-40所示。接下来可以再次使用"吸管工具"单击背景中没有抠除干净的区域。如果"吸管工具"始终处于激活状态，那么可以直接在画面中吸取颜色。

图8-40

技巧提示 在进行操作时一定要反复吸取背景中残留区域的颜色，做到"哪里不透就点哪里"，直到alpha通道中的背景全部变成黑色。另外，还可以按住Ctrl键和Shift键，然后单击来进行范围吸取，如图8-41所示。

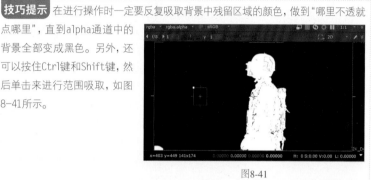

图8-41

3.修剪白色

在operation下拉列表中选择Clean FG Noise（清除前景），即清除白色，如图8-42所示。接下来吸取需要保留的区域中的半透明区域，让通道变成白色，即不透明状态，如图8-43所示。

图8-42

图8-43

注意，操作完成后要取消"吸管工具"的激活状态或直接关闭Primatte节点的属性面板，以免误操作。Primatte节点的特点是操作简单、快速，以及能够快速得到干净的通道，缺点是边缘范围的准确度和融合效果较差，因此多用于对轮廓粗糙的范围进行抠像。

8.1.5 IBK抠像

IBK抠像需要配合使用两个节点，分别是IBKGizmo节点和IBKColour节点，连接方式如图8-44所示。IBKGizmo节点的fg输入线连接抠像素材，c输入线连接IBKColour节点；IBKColour节点的唯一输入线连接抠像素材。显示IBKColour节点的画面，如图8-45所示。

图8-44

图8-45

在IBKColour节点的画面中能看到的颜色，在抠像时都会被去除掉。IBK抠像结果的好坏主要是通过IBKColour节点控制的。原理很好理解，即原始素材效果减去当前IBKColour节点的效果，就得到了IBKGizmo节点的抠像结果，如图8-46所示。

图8-46

> **技巧提示** 大部分时候IBKColour节点直接连接的素材的画面结果，如图8-47和图4-48所示。背景不会自动显示完整，所以需要通过调节参数，让需要去掉的颜色都在IBKColour节点的画面中显示出来，IBKGizmo节点的画面中会显示最终的抠像结果。

原始素材

连接IBKColour节点

图8-47   图8-48

了解原理可以更好地明确如何调节参数。这点很重要。读者一定要明白调节参数的依据，根据画面情况设置合适的数值，一味地对参数值进行死记硬背，是无法独立完成抠像工作的。

下面介绍IBK抠像节点的使用步骤。

1.准备工作

创建IBKColour节点和IBKGizmo节点，因为素材背景基本是绿色，所以应该将两个节点调节成绿色抠像模式。在两个节点的属性面板中，screen type参数都默认为blue，这里将它们都修改为green，如图8-49所示。

图8-49

2.设置IBKColour节点

显示IBKColour节点，观看画面，因为素材背景的绿色有一定的偏色，所以背景并没有完全显示在画面中。

01 归零。将size参数值由默认的10修改为0，如图8-50所示。size参数主要用于制作扩边效果，即将已有颜色的面积扩大，这样不方便观察，所以这里先进行归零。

图8-50

02 显示出背景。调节darks和lights参数可以让需要被抠像的颜色显示出来，这里需要让绿色背景都显示出来。这一步是最重要的，需要设置一个合适的参数值，通常背景是什么颜色，就优先调节这个颜色通道的参数。因为增大数值会让绿色背景显示更多，减小数值会让绿色背景显示更少，所以优先调节lights参数。默认参数设置如图8-51所示。

图8-51

> **技巧提示** 这里每个镜头的参数都不一样，所以一定要对需要的效果有一个大致预估。多尝试各种参数组合，才能找到满足要求的参数。这里的要求是人物（需要保留的区域）为黑色，即不显示；背景（需要抠除的区域）为绿色，即全部显示出来。

03 显示IBKColour节点的结果画面，根据结果画面微调参数，找到合适的数值。笔者推荐的数值如图8-52所示。

04 显示 IBKGizmo节点的画面，这时候已经能看到初步抠像效果了，如图8-53所示。IBKColour节点画面中所有显示出颜色的区域都被抠掉了，人物背部有一个黑点，说明此处也被抠掉了，因为之前这里是能看到颜色的。

图8-52   图8-53

技巧提示 这里可以修复内部，优先保证边缘附近都是合适的效果。跟踪点和右侧的灯没有被抠掉，因为它们不是绿色的，很难用抠像节点去除，所以对于远离人物边缘的地方，可以在抠像之后使用Roto节点除掉。

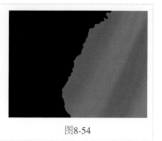

当前抠像效果中边缘非常粗糙且没有过渡，如图8-54所示，这是因为IBKColour节点的结果画面中绿色边界也没有过渡，所以还需要对IBKColour节点的画面效果进行优化。

图8-54

3.扩边

这一步的要求是让绿色充满全屏。可以调整的参数有size 和patch black，如图8-55所示。这里可以让size参数值固定为1，然后增大patch black参数值，直到得到需要的效果（绿色充满全屏）。

按住鼠标左键将patch black参数的滑块拖曳到最右侧（最大），参数值最大显示为5，并没有实现绿色充满全屏的目标，这时候就需要手动设置数值。当设置patch black参数值为70时，实现了绿色充满全屏的目标，如图8-56所示。查看IBKGizmo节点的抠像结果，人物边缘附近已经呈现出比较自然的效果，如图8-57所示。

size 0　　　patch black 0

图8-55

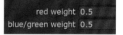
patch black 70

图8-56

图8-57

4.设置IBKGizmo节点

IBKColour节点的参数调节完成后可以继续调节IBKGizmo节点的参数，优化抠像结果。

01 连接背景，观察抠像结果。IBKGizmo节点的输出为抠像结果，使用Merge节点的A输入线连接抠像结果，B输入线连接背景。使用Roto节点制作垃圾遮罩，排除掉多余部分。绘制Roto图形将需要保留的范围圈出来，设置Merge节点为mask叠加模式，用于保留圈出来的范围，如图8-58和图8-59所示。

02 双击 IBKGizmo节点，查看其参数，如图8-60所示。

图8-58

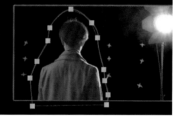

图8-59

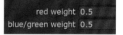
red weight 0.5
blue/green weight 0.5

图8-60

技巧提示 这两个权重参数的效果类似。增大参数值可以减少半透明问题，但是边缘会更生硬，颜色会偏绿；减小参数值容易加重半透明效果，可以减少黑边问题，但是边缘会更融合，颜色会偏红。对比效果如图8-61和图8-62所示。

减小参数值后的画面RGB效果　　　增大参数值后的画面RGB效果

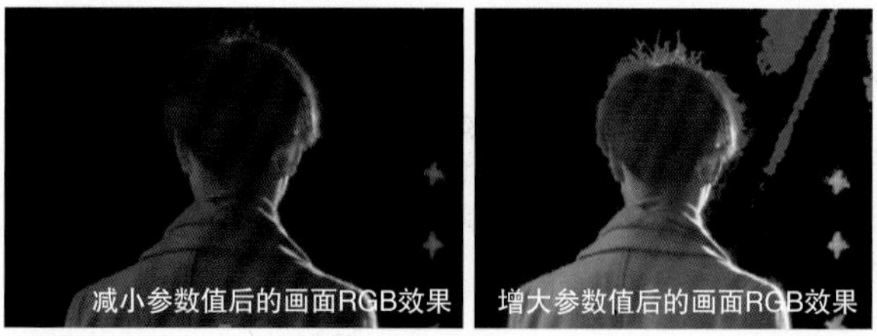

图8-61

减小参数值后的alpha效果

增大参数值后的alpha效果

图8-62

03 观察当前的镜头情况，半透明问题比较严重，如图8-63所示。可以同时调整两个参数，分别设置它们的值为0.6，半透明的问题得到了一定的解决，如图8-64所示。

图8-63   图8-64

技巧提示 对于剩余的所有参数，每次抠像后都可以依次启用，然后关闭，对比结果，检查带背景的颜色结果和单独显示IBKGizmo节点的alpha通道的结果。如果启用参数可以让结果更好，则保持启用状态。

luminance match参数主要用于匹配亮度，如图8-65所示。当前镜头中启用该参数后，alpha通道的半透明问题有轻微改善，但是作用并不是很大，所以保持关闭状态，让参数简单化。

图8-65

接下来的4个参数可以过滤掉一些颜色，如图8-66所示。但在当前镜头中启用这4个参数后无明显效果，所以选择关闭。

screen subtraction参数主要用于控制溢色，默认处于启用状态，即自动去掉溢色（人物上的绿色反光），可以保持启用状态，如图8-67所示。

图8-68所示的两个参数用于根据新背景的亮度和颜色让抠像结果的边缘更融合背景。这两个参数启用时需要将IBKGizmo节点的bg输入线连接给新背景，如图8-69所示。

图8-66   图8-67   图8-68   图8-69

8.1.6 IBK调节思路和原理

IBKColour节点的画面中人物范围被填充成了绿色，所以抠像结果中之前衣服上的绿色反光就被减掉了，但是其他颜色不会被影响，还是会被保留下来，主要原理如下。

IBKColour节点画面中像素的颜色和原始素材完全一样的区域，会变成完全透明。

IBKColour节点画面中像素的颜色和原始素材有轻微差别的区域，会变成半透明。

IBKColour节点画面中像素的颜色和原始素材有巨大差别的区域，会保留。

下面模拟思考过程和参数推理过程，讲解一下IBKColour节点的darks和lights参数值为什么设置为1.3。

1.思考预期画面效果

进行参数调节时要想象画面效果，即根据素材情况分析画面效果会是什么样子，然后通过调节参数实现这个效果。这样才是带着思考去制作，而不是盲目地"抄"参数。切记只要软件中的画面效果和心中所想的画面效果对应，那就是合适的参数。

发挥一下想象力，预期效果很好想象，即所有需要抠像的部分都显示出来，所有需要保留的部分都是黑色。使用IBKColour节点调节的理想结果如图8-70所示。

2.观察并思考

画面目前的状况为素材是绿布，但没有全屏显示绿色（确定节点当前已经调节到绿色抠像模式），如图8-71所示。画面的背景绿色不纯，偏色现象严重，可以尝试调节darks和lights参数，让绿色背景显示出来。

图8-70

图8-71

3.调节参数并观察

01 优先调节lights参数，根据绿色背景优先调节绿色通道参数。根据"需要让绿色显示得更多就增大参数值"的原理，可以设置lights参数值为1.1，此时的效果如图8-72所示。

02 画面效果明显得到了改善，有绿色背景显示出来，说明调整方向是正确的。可以继续增大lights参数值，直到所有绿色背景显示出来。在参数值为1.5时绿色背景完全显示出来了，如图8-73所示。

03 再次增大绿色通道的lights参数值到1.6，人物区域有大面积像素显示出来，如图8-74所示，结果不符合IBK调节理论，说明最大数值为1.5。

图8-72

图8-73

图8-74

> **技巧提示** 绿色通道的lights参数值为1.5时的效果已经算是可以接受的了，基本符合IBK调节理论，即人物为黑色、背景为绿色。但是人物背部有一块不是黑色，接下来需要调小参数值，找一下最小参数值。建议每次调节幅度小一些，逐步调节。

04 当参数值为1.3时，人物背部基本是黑色，周边绿色背景也能够显示出来，发丝变成了黑色，如图8-75所示，说明抠像结果中发丝的保留比较理想。虽然人物背部有一个颜色点，但比较小且在远离边缘的内部，这种问题比较好解决。依据"外部干净，可以用Roto节点排除；内部有透明，可以用Roto节点补充"进行处理，总之优先保证边缘附近的效果合适。

05 当前可以判断1.3为最优参数值，尝试减小参数值到1.2，效果如图8-76所示，不满足背景都是绿色的显示要求，所以不合适。

图8-75

图8-76

> **技巧提示** 最后得到结论，1.3是比较合适的参数值，虽然不是绝对完美，但基本满足了所有要求。实际调节中很难找到绝对完美的参数值，找到合适、优化、接近理想效果的参数值即可。

"背景绿色"是指人物附近要显示出来绿色，对于远离人物的区域，例如右侧灯架附近的区域，如果抠不干净，则可以直接用"垃圾遮罩"快速排除。

这里的参数调节没有固定标准，可能有多种符合IBK调节理论的参数组合，例如另一组参数会更符合效果要求，如图8-77所示。

darks	0	0.01	0.01
lights	1	1.2	0.8

图8-77

读者要注意观察，两个效果的差别很小，在于人物背部的一个点，因此，两组参数都可以使用。

根据合成工作"大道至简"的原则，优先使用简单的参数来制作。因为在抠像中简单的参数和操作会比复杂的好，这不仅体现在抠像操作难度和计算速度方面，还体现在后期多镜头制作的衔接工作。因此，笔者建议初学者选择1.3为参数值，如图8-78所示。

darks	0	0	0
lights	1	1.3	1

图8-78

目前演示完了IBK调节的思路和原理，接下来进行一个练习，继续思考size参数值为什么是1。

IBKColour节点的结果画面和原始素材画面完全一样时，抠像结果是最干净的。size参数除了有放大绿色范围的作用之外，还有模糊的作用，但模糊后的细节会与原始素材不一致，即会让抠像结果有少许颜色残留。

这里将patch black参数值保持为70，将size参数值改为10，可以看到绿色背景几乎被模糊平整了，如图8-79所示，继续增大参数值，绿色背景会变得完全平整。这样背景中的轻微褶皱就没法抠除干净，会有半透明残留，如图8-80所示。

图8-79　　　　　　　　　图8-80

技巧提示　需要注意，当size参数值为0时，patch black参数效果将会无效，即不会有绿色扩充效果，所以设置size参数值为最小值1。此时，如果设置patch black参数值为500，则背景纹理会丢失，褶皱都被抹平，以致于抠像结果会有残留色。因此，patch black参数对画面也有一定的模糊作用，但比较微小。实际调节patch black参数时不需要实现全屏绿色，只需要人物边缘附近是绿色就可以。

为什么要做扩边操作？原因是人物边缘过渡不自然。只需要让绿色能够扩充覆盖到人物边缘附近的像素就可以。设置patch black参数值为27，这时已经达到了期望效果（绿色覆盖人物边缘附近的区域），但是为了让范围在所有帧中都足够大，可以让交界线远离边缘，如图8-81所示。

图8-81

在得到合适的参数后可以继续增大一点数值，例如增大到35，留出足够的安全空间。根据笔者的经验，大部分镜头中patch black参数的合适数值范围为35~50。

IBK抠像节点的特点是能够更好地保留边缘细节，对于发丝、半透明玻璃等物体都有比较好的效果，它是高级别电影项目中的主力抠像节点。IBK抠像节点的缺点是通道容易变得半透明。通常其抠像结果只使用边缘附近的区域，内部区域会用其他抠像节点再抠一层来进行叠加。这样可以最大化地发挥IBK抠像节点对边缘细节保留好的优势，同时内部区域使用其他节点也可以规避"减少了通道，容易变得半透明"的问题。

技术专题：内部抠像演示

使用Roto节点进行人物内部抠像，只需要大概绘制出人物内部的范围即可，所以不会消耗多少时间，如图8-82所示。需要使用的节点为Roto节点、Copy节点和Premult节点。注意，让Roto图形边缘过渡柔和，这样可以拉出过渡虚边或者添加Blur节点。

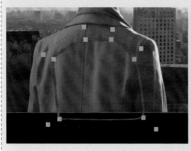
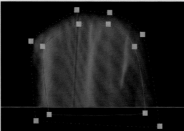
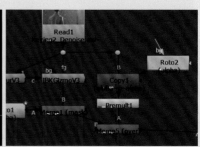

图8-82

使用Merge节点，将内部抠像结果叠加到IBK抠像结果上，输入线A连接Premult节点（内部抠像结果），输入线B连接IBK抠像结果。内部抠像可以保证核心范围不会有半透明问题，即内外分区域配合，得到一个完美的抠像结果。

设置IBKColour节点时有3个主要步骤。

第1个：归零。将size参数值设置为0。

第2个：显示背景。调节darks和lights参数值，让需要被抠除的画面都显示出来，让需要保留的部分都是黑色。

第3个：扩边。设置size参数值为1，增大patch black参数值，让边缘附近被绿色覆盖。

这不是IBK抠像节点的唯一使用方法和步骤。读者在基础扎实后可以根据自己的经验，找到适合自己的操作方法和技巧。现在抠像结果中还有很多边缘融合的问题，例如有一些黑边，如图8-83所示，但是边缘范围和细节保留还是比较理想的，所以后续进行修边即可。

图8-83

8.2 抠像的理论与操作技巧

本节主要介绍抠像的理论与操作技巧，主要通过蓝色和绿色通道来进行处理，注意控制好溢色。

8.2.1 蓝色与绿色背景的属性

利用精确的Roto边缘抠像是比较消耗时间的，如果每次发现不好抠都直接抠，这样很难让抠像技术得到提升，工作效率也会持续下降。视觉效果制作中会使用蓝色或者绿色背景拍摄需要制作前景分离（抠像）的素材，从而让蓝绿抠像的效率比Roto边缘抠像高，质量也更好。绿色相对明亮，周围物体上的绿色反光多，容易产生半透明区域，噪点相对较少；蓝色相对更暗，对周围物体的颜色影响小，不容易产生半透明区域，噪点更多。

理想的抠像素材应该平整无褶皱、光线均匀、绿色和蓝色无明显偏差，前景物体和背景在颜色、亮度上的差别比较明显，如图8-84所示。虽然通过实拍素材是不可能制作出绝对完美的背景的，但可以尽可能地去制作接近理想状态的背景，因此合成师通常会目测实拍素材背景的情况来大致预估抠像的结果，从而制作应对方案。

图8-84

除了目测，还有一个数学测量方法，即查验素材的颜色数值。以绿布素材为例，可以用背景上某像素的红色、蓝色通道的数值总和减去绿色通道的数值。如果结果大于0，则像素内容会被保留；如果结果小于0，则像素内容会变透明。可以简单地理解为，像素中绿色多会变透明，绿色少会被保留，所以理想的绿布会完全变透明。

图8-85所示为选中区域的颜色数值，R=0.02、G=0.21、B=0.06，R+B-G<0，颜色被完全剪掉，结果是透明的。

图8-86所示为需要保留的手臂的颜色数值，R=0.50、G=0.50、B=0.48，R+B-G>0，表示还有颜色剩余，这一部分就会被保留，剩余的颜色越多，此处越容易被抠像。

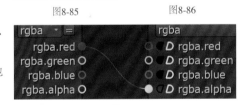

图8-85　　　　　　　　　　图8-86

下面用实际操作来验证一下。这里需要3个Shuffle节点，将R、G、B颜色信息都转到同一个通道中。

01 创建第1个Shuffle节点，将红色通道连接到alpha通道，断开其他通道的连接，如图8-87所示。注意，这里将该节点命名为Shuffle_R。

图8-87

> **技巧提示** 继续创建一个Shuffle节点，将绿色通道连接到alpha通道，断开其他通道的连接，将该节点命名为Shuffle_G。用同样的方法创建第3个Shuffle节点并处理蓝色通道。

02 此时3个Shuffle节点的alpha通道中，分别是素材的R、G、B颜色信息。创建Merge节点，将over叠加模式改为plus叠加模式，A输入线连接红色信息，B输入线连接蓝色信息，如图8-88所示。

03 继续创建Merge节点，将over叠加模式改为minus（减）叠加模式，原理是"A减去B"，所以A输入线连接红色、蓝色信息相加的结果，B输入线连接绿色信息，如图8-89所示。效果如图8-90所示，背景被完全抠除，人物被保留下来了。

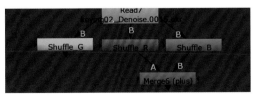
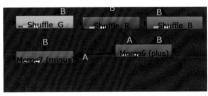

图8-88　　　　　　　　　　　图8-89　　　　　　　　　　　图8-90

技巧提示 对于现在的抠像结果来说，主要问题是保留区域太过透明。这里可以参考 Keylight节点的抠像思路，使用黑白修剪增加对比度，优化通道。创建Grade节点并连接在结果处，将channels参数修改为alpha，调节blackpoint和whitepoint参数，控制对比度，如图8-91所示，效果如图8-92所示。

图8-91　　　　　　　　　图8-92

8.2.2 通道抠像

通道抠像是先得到需要保留的区域的alpha通道，然后创建Copy节点，A输入线获取通道、B输入线获取画面，配合Premult节点达到抠像的目的。常见的获取alpha通道的方式有绘制Roto图形和使用Keyer节点将亮度信息转成alpha通道的黑白图形，节点如图8-93所示。另外，有时候也会用抠像节点的alpha通道来做通道抠像，如图8-94所示。

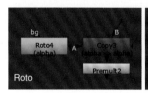

图8-93　　　　　　　　　　　　　　　　　图8-94

注意，图8-95所示的画面中人物背部有明显的绿色反光点，如果进行IBK抠像，则结果会有半透明区域。这时候可以使用Roto抠像方式进行内部抠像，避免核心区域有半透明的问题，然后和外边缘抠像结果叠加到一起，得到最终结果。

图8-95

8.2.3 溢色处理

根据CG光影理论，光会在物体之间反复反射，反射时也会带着物体的颜色信息。前面抠像时人物身上有绿色的反光，叫作"溢色"。在溢色严重的区域抠像，结果容易产生半透明的区域，尤其在金属、玻璃等材质上更明显，且物体边缘也会有绿色残留。替换新背景后这些绿色反光（溢色）也需要被去掉。抠像节点会带有自动去除溢色的功能，但有时候也需要手动去除溢色。

有绿色背景时边缘溢色不明显，因为属于合理的光源环境；去掉绿色背景后，边缘溢色就非常明显了，如图8-96所示。

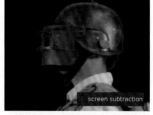

图8-96

1.简单的去除溢色方法

可以借用抠像节点的自动去溢色功能来去除溢色，在素材下方连接Keylight节点，设置绿色通道的Screen Colour参数值为1，这样就会去掉绿色，保持其他颜色不变，如图8-97所示。这是一个简单、快速的去除溢色的方法。如果是蓝色背景，就将蓝色通道的Screen Colour参数值改为1。

图8-97

技巧提示 注意，颜色的明度（V）等于R、G、B通道中最大的
数值，例如图8-98和图8-99所示的颜色数值，它们的颜色明
度分别为0.17和0.10。

图8-98　　　　　　　　　　图8-99

之前数值最大的绿色被减弱，这影响了明度，所以画面看起来会更暗一些。严谨的去除溢色操作要求只去掉绿色，不得影响
明度，所在去除溢色后还要还原明度。

2.严谨的去除溢色方法

01 用前面的方法处理掉溢色，然后计算出丢失了多少明度。创建Merge节点，输入线A连接去除溢色之前的效果、
输入线B连接去除溢色后的结果，将over
叠加模式改为difference叠加模式，计算
输入线A和输入线B连接的画面的颜色
差异，将差异部分的颜色信息显示为画
面结果，如图8-100和图8-101所示。差
异结果画面几乎都是绿色，这些就是去
除溢色操作去掉的颜色信息和明度信息。

图8-100　　　　　　　　　　图8-101

02 得到明度。在Merge节点下方添加ColorCorrect节点，去掉差异结果画面的饱和度。利用ColorCorrect节点的
saturation（饱和度）参数控制去除溢色的强度，如图8-102所示，0表示完全
去除，0.5表示去除一半。这样去除溢色几乎不会影响画面的明度。

03 将差异结果画面叠加回主线。创建Merge节点，输入线A连接给明度差异
（ColorCorrect节点），输入线B连接去除溢色结果（Keylight节点），将over叠
加模式改为plus叠加模式，节点的连接如图8-103所示。

图8-102　　　　　　　　　　图8-103

8.3 抠像后的修边技术

抠像节点的主要工作是得到需要保留的区域的准确范围，要求是让边缘和新背景颜色融合自然。实际使用时
大部分边缘无法靠抠像节点和新背景颜色达到完美融合状态，通常边缘会有黑边、白边、半透明等各种问题。

8.3.1 边缘融合问题

实拍素材中不同颜色区域交接的
地方都会有一个过渡范围，头盔的边
缘大概10像素范围内既有头盔颜色，
又有背景颜色，如图8-104所示。

图8-104

抠像时这些边缘的绿色不会完全被分离出来，残留的绿色被节点自动去除后就变成了灰色。灰色如果比新背
景颜色亮，物体看起来就会有白边，反之就有黑边。因此，抠像时就算范围卡得比较准，虚边过渡也卡得比较准，
仍然会有一些之前背景的颜色信息残留，这些颜色信息无法让抠出来的图像和新背景融合自然。对于这个问题，
通常有两个解决办法。

第1个： 如果颜色不匹配，那么就调色，即将边缘颜色调节成与新背景颜色相近，达到融合效果。

第2个： 去掉灰色，只保留实边内的画面。例如使用Erode（FilterErode缩边）节点缩小边缘范围。

8.3.2 快速修复黑白边

图8-105

如果只想调节边缘，不影响内部，则可以使用边缘调色法，这就要先得到影响区域的alpha通道，如图8-105所示。可以直接对alpha通道进行抠像，目前已经有了人物的alpha通道，使用Invert节点将抠像结果反向，就可以排除人物内部。

01 使用Erode扩大几个像素，控制好范围，让通道能覆盖人物边缘，输入ErodeFilter才能搜索并创建节点，这里建议设置size参数值为-20，节点的连接如图8-106所示，通道结果如图8-107所示。人物内部的黑色不会被影响，人物边缘的白色会被影响。

图8-106

图8-107

02 创建Grade节点，将其连接在抠像结果的下方，让其mask输入线连接计算出来的边缘通道，如图8-108所示。

03 使用边缘调色法处理掉头发的黑边，如图8-109所示。下面设置FilterErode节点，根据黑边大小设置范围，在当前素材中建议设置size参数值为-3，即扩大3个像素。在Grade节点画面中黑边需要提亮颜色，可以设置gain参数值为4，效果如图8-110所示，边缘效果得到了改善，但是右侧头发边缘有明显的接缝痕迹。

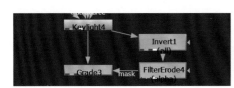

图8-108

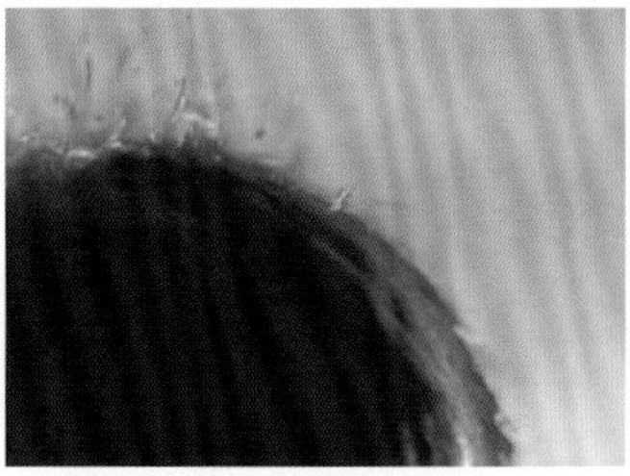

图8-109

图8-110

04 根据画面情况调节处理方案，当前问题为边缘过渡不够自然。可以给当前通道添加Blur节点，如图8-111所示，让调色范围过渡更自然。可以设置size参数值为6，此时头发边缘已经可以很好地融合背景了，效果如图8-112所示。

图8-111

图8-112

技巧提示 边缘调色法的核心节点是Grade节点和Invert节点，可以理解为"反向通道调色"，这样更容易记忆对应的两个核心节点。制作时根据镜头画面情况，在核心节点上变化出多种组合状态，根据需要来扩展功能，添加其他节点。

如果边缘影响范围不够，则可以为反向后的alpha通道添加FilterErode节点，通过修改参数扩大通道，增加影响范围。如果调色边缘过渡不自然，则可以为反向后的alpha通道添加Blur节点，增加边缘的柔和度。当前调色影响到了整个人物的边缘，但是此套参数只适合头发区域使用，可以使用mask叠加模式，即用Roto线限制alpha通道的范围，节点的连接如图8-113所示。

注意用Roto线圈出需要影响的区域（头发区域）

图8-113

　　这里注意合成规范，即给有alpha通道的画面调色时要在调色之前添加预除效果，在调色之后添加预乘效果，避免颜色边缘出现问题。因此，使用反向通道调色时要在Grade节点的前后分别添加Unpremult节点和Premult节点，如图8-114所示。

　　将亮度调节合适边缘就能融入背景中，也可以根据实际情况微调颜色倾向。在调节黑边时可以优先尝试调节lift参数，它对暗色影响更大。

图8-114

8.3.3 一招解决各种边缘问题

　　使用修边法可以去掉有背景颜色残留的边缘像素。当前进行IBK抠像后领口位置有一条明显的黑边，如图8-115所示。

01 尝试通过FilterErode节点缩小alpha通道的范围。Erode节点默认只影响alpha通道，根据合成法则，alpha通道被单独影响后，要考虑是否添加Premult节点，所以可以在FilterErode节点下方添加Premult节点，如图8-116所示。

图8-115

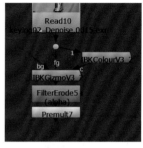

图8-116

技巧提示 如果没有添加Premult节点，alpha和RGB颜色范围不一致，那么人物边缘会出现白色亮边，如图8-117所示。

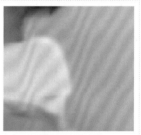

图8-117

02 设置FilterErode节点。设置size参数值为3，边缘颜色显示正常，黑边也去掉了，如图8-118所示。

03 这样操作虽然去掉了黑边，但是边缘范围小了一圈，不符合抠像要求，还需要"补回"这些缺失的范围。可以在没有黑边的画面上，扩展出一个假边缘。创建扩展假边缘的两个核心节点Blur节点和Unpremult节点，连接去掉黑边后的画面，连接方式如图8-119所示。显示Unpremult节点，增大Blur节点的size参数值，可以看到画面边缘被扩充放大。这里可以让Blur节点中的像素参数值大于之前减小的像素参数值，例如扩大9个像素，这样就得到了扩展的边缘，如图8-120所示。

图8-118

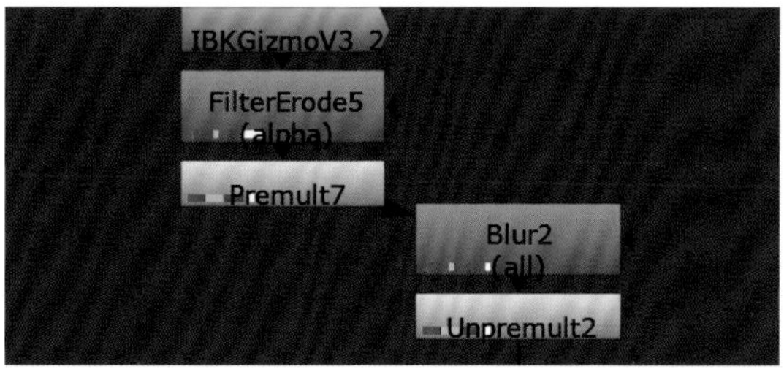

图8-119

图8-120

04 新建Merge节点，输入线B连接扩展的边缘，输入线A连接缩小的无黑边的画面，如图8-121所示，效果如图8-122所示。

图8-121

图8-122

> **技巧提示** 因为扩展的边缘处于模糊状态，没有细节，所以只能够当作虚边使用，垫在无黑边的画面之下，弥补缺失的像素部分。当前画面"补"得有点多，这是为了让假边缘的范围足够用，所以接下来需要切掉多余的部分。

05 画面大小（边缘范围）是通过alpha通道控制的，也就是需要给画面一个正确的alpha通道。创建Copy节点，输入线B连接叠加了假边缘的画面结果，输入线A连接原始alpha通道（缩小之前的抠像结果），即连接到FilterErode节点之前的节点，因为操作替换了alpha通道，所以合成中单独影响了alpha通道后，需要添加Premult节点，节点的连接如图8-123所示。

缩小alpha通道去黑边 ←
扩展假边缘 ←
叠加"补回"中间细节 ←
还原边缘大小 ←

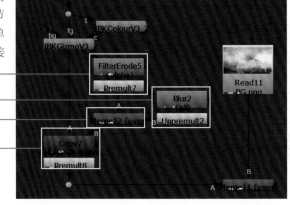
图8-123

> **技巧提示** 这样就完成了一套修边操作，边缘范围不变，黑边被去掉了。此修边方法可以被称作"做假边"。这个方法的核心节点是Blur节点和Unpremult节点，利用这两个节点可以实现扩展边缘的目标，核心流程如下。
>
> 第1步：去掉黑边。使用FilterErode节点和Premult节点，得到没有黑边的画面。
>
> 第2步：扩展边缘（扩展假边缘）。使用Blur节点和Unpremult节点。
>
> 第3步：叠加画面。使用Merge节点将假边缘叠加在无黑边的画面下方。
>
> 第4步：还原边缘大小。使用Copy节点和Premult节点。
>
> 使用"做假边"方法几乎可以解决任何边缘颜色不匹配的问题，缺点是生成的假边缘没有纹理细节，范围过大时看起来会很"假"。所以建议读者在处理边缘时优先使用边缘调色法，在没有其他办法的时候再考虑使用"做假边"方法。
>
> 注意，使用Blur节点和Unpremult节点可以扩展边缘，但前提是边缘没有其他颜色。如果要给假边缘调色，而Unpremult节点之后是扩展的假边缘结果，则需要在Unpremult节点下方添加Grade节点来增加亮度，如图8-124和图8-125所示。
>
> 为了防止扩展范围不够，一定要让Blur节点增加的参数值比FilterErode节点减少的参数值多一些。

图8-124

图8-125

8.3.4 解决半透明问题

抠像后需要保留的区域的alpha通道经常会出现半透明区域，如图8-126所示。对于这种问题，优先考虑在抠像节点上解决，例如在Keylight节点的画面中换一个取色位置或调节白色修剪，或者在IBK抠像中尝试调节IBKColour节点中的参数或IBKGizmo节点的权重参数。只有在无法利用抠像节点解决时才考虑在下方使用其他节点进行补救。

图8-126

半透明说明"不够厚"，那么将两层半透明的纸叠加在一起，透明度自然会降低。直接使用Merge节点，输入线A连接抠像结果、输入线B连接抠像结果，即使用叠加法处理半透明问题，如图8-127所示。

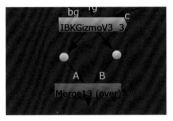

图8-127

技巧提示 注意输入线A、B都连接抠像结果时，不要让节点线出现重叠，可以使用骨骼节点错开。在解决半透明问题时很容易让黑边问题更严重，所以不要看到边缘更糟糕就觉得处理方式不对，这时需要先解决半透明问题，再解决黑边问题。

这其中也有很多技巧，目的是尽量降低"副作用"，例如使用Merge节点解决半透明问题时，将mask输入线也连接到抠像结果上，如图8-128所示。

当前效果可以描述为，取A的mask通道范围叠加B，mask通道的范围即人物范围，在叠加时主要叠加人物范围内的像素，减少边缘半透明区域的叠加，这样不会让边缘的黑边过于厚重。

图8-128

抠像中每个参数调节过多，都可能会带有一些负面效果，例如在IBK权重处理半透明时黑边颜色会明显偏向绿色。根据在根源上解决问题的原则，可以微调权重参数，对半透明问题进行稍微纠正。如果半透明问题特别严重，就完全没有必要用权重参数解决，这时就需要在抠像节点后使用其他节点进行处理。建议读者配合使用多种方法，以免某一个参数调节过多，破坏画面的融合程度。

8.3.5 闪烁问题分析

抠像时还会遇到边缘闪烁的问题，主要原因有3个。

1.抠像问题

第一个原因就是没抠好，即抠像节点的参数不合适或使用的节点不合适。解决方法为尝试设置不同参数或尝试使用其他抠像节点，找到效果理想的方案。如果素材的前景和背景有明显的亮度差异，则笔者推荐的抠像节点是Keyer节点，将亮度通道转化成alpha通道，因为亮度通道是比较稳定的，转换后通常不会有闪烁问题。这种方法需要使用的节点有Keyer节点、Copy节点和Premult节点。

2.噪点问题

在所有抠像方法都尝试且无效后可以排查噪点问题，因为去噪不合适也容易造成闪烁问题，特别是在虚焦模糊较大的素材中。尝试使用不同的去噪方法和不同的参数，增大或减小去噪强度。

3.原始素材问题

素材在用于合成之前会经过转码压缩，而抠像对素材的颜色信息的质量要求较高，虽然肉眼看不出区别，但是软件非常敏感。有些素材转码压缩太多，导致颜色信息不足，会增加抠像难度，抠像结果会更粗糙（和尺寸无关，这里指的是画质）。素材质量问题基本无解，只能使用Roto节点精抠边缘，得到稳定的抠像画面。

8.4 实例：抠像的科学架构

抠像是一个精益求精的过程。在抠像过程中需要详细检查调节每个边缘，让所有画面细节都尽量完美，力求得到最优化的抠像结果。

8.4.1 通道抠像和背景抠像

抠像检查有两种方式，也对应两种抠像类型，分别是通道抠像和背景抠像。

1.通道抠像

检查时会查看alpha通道，查看边缘是否卡准和通道是否干净，要求alpha通道中的透明区域完全透明（黑色）、保留区域完全不透明（白色）、边缘过渡自然等。

一切准备就绪后创建Copy节点，让输入线A连接alpha通道、输入线B连接原始素材，获取颜色画面，通过Premult节点得到最终抠像结果。这里只使用Keylight节点输出alpha通道，获取原始素材画面的R、G、B颜色，从而组合出最终结果，节点的连接如图8-129所示。

图8-129

2.背景抠像

观察合成后的画面检查抠像（叠加背景后），判断边缘是否卡准，可以将结果放在背景中进行查看。同时要求通道相对干净，内部没有背景，外边缘没有明显颜色残留。

一切准备就绪后直接使用Keylight节点输出R、G、B颜色和alpha通道，将抠像结果叠加到背景上并检查画面，节点的连接如图8-130所示。

图8-130

> **技巧提示** 通道抠像取的是原始素材颜色画面，所以需要单独进行修边处理。这种抠像方式速度更快，不需要等背景确定就可以进行。
>
> 背景抠像多用于电影项目制作，因为它保留了修边效果，检查时建议每一帧都切换查看原始素材和合成结果的画面。抠像时让边缘细节得到最大化保留。因为背景可以遮挡一些颜色残留问题，所以边缘附近的像素区域内允许有少部分残留颜色，这样也能更多地保留边缘细节。

8.4.2 准备工作

01 进行制作合成前的3个常规操作（导入素材、设置工程和保存文件），注意保存文件的命名规范，如图8-131所示。

图8-131

> **技巧提示** 分别显示两个素材，播放并预览所有帧，分析并判断制作难度。这是一个前景素材和一个背景单帧图片，可以得到如下3个信息。
>
> 第1个：镜头帧数为50，不算长；镜头摄像机几乎静止，无运动。
>
> 第2个：需要保留的人物站在原地静止，无大幅度运动。
>
> 第3个：背景布为绿色，人物背部溢色较重，发丝的处理可能会是一个难点；好消息是背景布较为平整，没有明显褶皱，灯架等杂物和人物没有遮光交互。

02 设置颜色空间。素材格式为.dpx，即大多都是log颜色空间，画面看起来是灰白色，这种颜色显示状态可以保留更多的颜色信息。制作时需要将素材转换成线性颜色空间。先显示出log颜色，双击素材（Read节点），在属性面板中激活Raw Data，如图8-132所示，显示出原始的颜色状态。

图8-132

03 创建Log2Lin节点，将其连接在素材下方，如图8-133所示，将log颜色转换成常规的线性颜色。

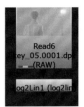

图8-133

技巧提示 对于这类实拍素材，将其导入Nuke后建议创建Shuffle节点，添加一个纯白色alpha通道，防止出错。

8.4.3 搭建抠像工程架构

准备工作完成后，搭建抠像工程架构。抠像工程架构可分为5个模块，请读者记住它们的作用，至于每个模块中使用的节点和方法，是没有强制要求的，能实现效果即可。

图8-134

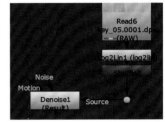

1.去噪模块

蓝绿背景的抠像节点都需要在去过噪点的画面上使用。连接Denoise节点，如图8-134所示。

2.内部抠像模块

抠像中会将需要保留的物体分为外部边缘区域和内部区域两个部分，需要分别进行抠像操作。红色区域为内部区域，远离物体边缘；蓝色区域为外部边缘区域，包含物体边缘附近和边缘外部的画面区域，如图8-135所示。

先做好准备工作，创建Copy节点，输入线B连接去噪之前的颜色画面，输入线A连接内部抠像的alpha通道。记住内部抠像的alpha通道要求：内部范围远小于边缘范围、中心无半透明和过渡自然。注意，Copy节点的输入线A只是为了获取alpha通道，与RGB通道无关，所以制作时要进入alpha通道观察。

01 笔者建议使用Roto节点，因为这不是边缘精确抠像，只需要大概描绘出远离边缘的内部区域，不仅快速，还能保证内部区域不会有半透明。内部抠像要求中有一条是“过渡自然”，所以要在Roto节点后添加一个Blur节点，增加边缘的柔和度，节点的连接如图8-136所示。

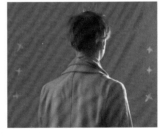

图8-135

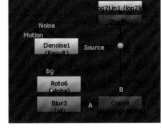

图8-136

技巧提示 还可以使用Primatte节点或Keylight节点。使用抠像节点进行内部保护抠像时，需要仔细检查所有帧，查看有没有做到中心无透明。如果有漏洞，则可以调节抠像参数或使用Roto节点配合，覆盖填补漏洞，节点的连接如图8-137所示。

抠像时内部区域可以多缩小一些，以免在其他帧中出现运动模糊或虚焦时虚边范围忽然变大，不符合“远处小”与边缘的规范。另外，Blur节点的size参数要小于缩边节点的参数，因为模糊的本质是将颜色散开，增加范围，相当于扩边操作，所以注意检查模糊之后是否依然满足“远处小”与边缘的规范，参考效果如图8-138所示。

抠像节点连接去噪后的画面，Copy节点的B输入线连接去噪前的画面。只使用抠像节点可能无法直接达到规范要求，这需要使用Roto节点制作垃圾遮罩来辅助抠像。抠像节点的结果画面如图8-139所示。

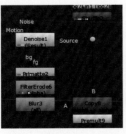

图8-137

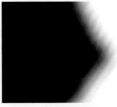

图8-138

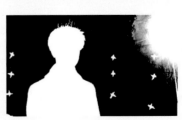

图8-139

02 排除当前画面中的残留部分,例如跟踪点、左下角褶皱、发丝和与边缘缩小幅度不均匀的部分等,这种情况可以使用Roto节点排除。节点的连接如图8-140所示,将Merge节点设置为stencil叠加模式,输入线A连接Roto节点,输入线B连接抠像结果。当前案例中Roto图形的范围如图8-141所示。注意检查其他帧,为Roto图形制作关键帧动画,让每一帧的位置都是正确的。

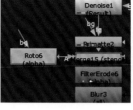
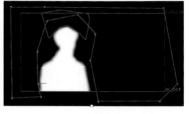

图8-140   图8-141

03 当通道中有半透明区域时,可以使用Roto图形修补。这里只是使用alpha通道,可以直接使用Merge节点,将Roto图形叠加到通道中,输入线B连接抠像结果,输入线A连接Roto节点,如图8-142所示。在半透明区域绘制图形,如图8-143所示。注意检查其他帧,让Roto图形在每一帧的位置都合适,当某一帧不再需要Roto图形时,可以将Roto图形放在画框之外,如图8-144所示。

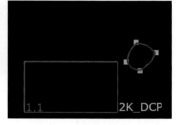

图8-142   图8-143   图8-144

> **技巧提示** 通道检查没问题后不要忘记在Copy节点下方添加Premult节点,完成内部抠像。

3.溢色模块

因为内部抠像使用的是通道抠像方法,所以Copy节点的B输入线获取的是原始画面。出于流程要严谨的考虑,在合成中只处理必须要改动的区域,其他区域尽量和原始素材保持一致。为了保持噪点也是原始的,可以直接获取带有噪点的原始画面,这部分画面需要进行溢色处理,不然无法与抠像后的画面结合。这里在B输入线上进行溢色处理,需要使用的节点在Copy节点上方、原始素材下方,如图8-145所示。

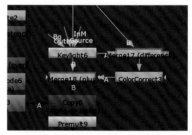

图8-145

4.外部抠像模块

01 外部抠像主要使用IBK抠像节点,所以都要连接在去噪后的画面上。使用骨骼节点在去噪节点之后拉出一条线,使用IBK抠像节点对整个画面进行整体抠像,如图8-146所示。

02 将内部抠像结果和外部抠像结果拼合起来,注意用小的盖住大的,即内部盖住外部。创建Merge节点,输入线A连接内部抠像结果,输入线B连接外部抠像结果。注意,这里是初学者容易出错的地方,输入线A、B不要连反了,如图8-147所示。

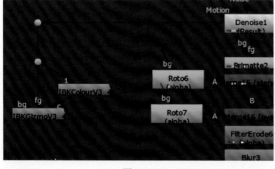
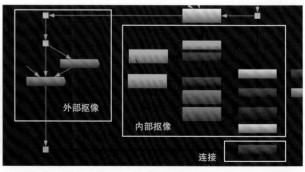

图8-146   图8-147

03 IBK抠像节点是无法去除红色的跟踪点和其他非绿色对象的。在外部抠像结尾处添加一个Roto节点，制作一个远离人物边缘、排除其他多余对象（跟踪点等）的垃圾遮罩，让外部抠像更干净，如图8-148所示。

图8-148

> **技巧提示** 到这里就可以看到一个粗糙版本的抠像结果了。抠像的大部分工作就是优化外部抠像，所以这里主要是先搭建节点架构，画面中肯定还有各种抠像边缘问题，暂时先忽略，继续搭建节点架构。

5.加噪模块

先将背景连接好，因为背景也需要被加噪点。噪点是动态闪烁的颗粒，背景是单帧图片，图片是不可能有动态的，所以需要为其添加噪点。添加Merge节点，输入线B连接背景，输入线A连接总抠像结果。内部抠像的Copy节点的输入线B获取的是有噪点的画面，所以进行内部抠像的区域是不需要添加噪点的，而其他所有区域是没有噪点的，也就是需要加噪点。

这里先为全屏添加噪点。创建F_ReGrain节点，复制一个原始素材出来，用于连接Grain输入线，获得噪点采样信息。Grain输入线上需要添加FrameHold节点，保持采样画面的稳定。因为当前是为全屏添加噪点，但内部区域不需要添加噪点，所以需要拼合一下画面，即以全屏加噪点的画面为基础，用没加噪点的画面替换内部区域。

01 在下方创建 Keymix节点，输入线B连接加噪点区域（这里需要外部和背景区域），输入线A连接加噪点之前的位置（这里需要用的是内部区域），用内部区域替换加噪点区域，另外输入线mask连接内部区域的通道，这里可以直接连接到内部抠像的结果上，它刚好就是需要的通道，如图8-149所示。

图8-149

> **技巧提示** 制作合成过程中需要尽量避免节点线穿插，但是当前情况难以避免，所以就按照穿插方式连接了。

02 初学者很容易将输入线A、B、mask连接错误，可以用一个简单的方法来验证结果是否正确。在F_ReGrain节点下方添加Grade节点，如图8-150所示，然后大幅度提高亮度，看一下画面中被提亮的区域是不是需要加噪点的区域。如果区域一致，则说明操作正确，删除Grade节点即可，如图8-151所示。

图8-150

外部边缘和背景被提亮说明加噪影响区域正确

图8-151

> **技巧提示** 这里只是将加噪架构搭建正确，还需要调节参数匹配噪点，读者可以根据需要自行设置。到这里整个抠像架构就搭建完成了。读者拿到抠像素材后都可以按照此步骤搭建工程架构。
>
> 开始搭建时不需要深入调节抠像节点，将节点连接好即可，摆放节点时可以"大气一点"，节点间的距离大一些，为后面制作时添加节点预留空间，如图8-152所示。

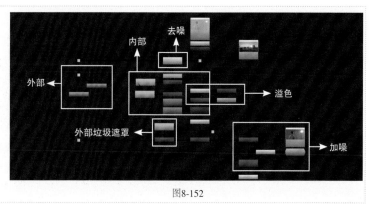

图8-152

所有关于处理噪点的节点都是比较消耗运算资源的，所以可以将去噪结果渲染预合成，让后面的节点线连接在渲染好的素材上，如图8-153所示。

在抠像没有完成前是不需要考虑加噪的，所以先让F_ReGrain节点暂时保持关闭状态，如图8-154所示，抠像完成时再打开，并匹配噪点参数。注意，合成中所有用来控制大概范围的Roto节点的下方都需要添加Blur节点，用于让边缘过渡自然，避免画面上出现锐利的边缘。

图8-153　　　　　　图8-154

8.4.4 背景处理

背景需要调节的内容有缩放、位置、透视、亮度、颜色、黑值、虚焦、景深、前景运动和运动模糊等。当前案例的前景素材中没有镜头运动、颜色合适、透视匹配，所以只需要进行简单虚焦处理即可。因为背景是一帧拍摄素材，所以需要使用Shuffle节点给实拍素材添加一个纯白色alpha通道。添加Defocus节点，保持其默认参数值为1，节点的连接如图8-155所示。

图8-155

8.4.5 抠像

这里考虑先进行内部抠像，再进行外部抠像。

内部抠像的方法不限制，抠像完成后注意检查所有帧是不是符合内部抠像要求：内部范围远小于边缘范围、内部无半透明、过渡柔和。这里一定要检查好，后面制作时就不用考虑内部问题，可以将重点放在外部边缘的处理上。

前面已经很熟悉操作了，这里简单说明一下。建议将FilterErode节点的相关参数值设置为21，Blur节点的相关参数值设置为20。案例演示时只是粗略调节了一帧，正式制作时需要检查所有帧，然后为Roto节点制作关键帧动画。因为这一部分（Copy节点的A输入线）只是用于获取通道，所以可以直接添加Blur节点和控制缩边/扩边的FilterErode节点。内部抠像的alpha通道画面如图8-156所示。

图8-156

外部抠像的要求是边缘卡准、过渡自然和最大化保留细节，主要推荐工具为IBK抠像节点。先对画面整体进行抠像，IBKColour节点的参数设置如图8-157所示；IBKGizmo节点的参数设置如图8-158所示。抠像后肯定会有各种边缘问题，尝试整体优化。当前结果存在半透明问题，可以使用叠加方法改善半透明问题，如图8-159所示。

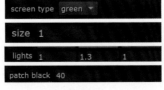

图8-157　　　　　　图8-158　　　　　　图8-159

技巧提示 这时在工程结尾就可以看到抠像结果，观察叠加背景后的画面，检查每个边缘，寻找有问题的区域，然后对问题边缘进行分区域单独处理，直到每一帧的所有边缘都无问题，抠像才算完成。

1.技术检查

当前抠像结果身体部分的边缘状态良好，主要是头发和脸部的边缘黑边问题严重，如图8-160所示。两侧肩膀细节和颜色结果状态良好。衣服上的小绒毛也很好地保留了下来，如图8-161所示。当前问题比较大的就是头发和脸，因为头发和脸部的颜色差距较大，所以需要分成两个区域分别进行处理。

 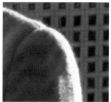

图8-160   图8-161

2.处理头发问题

在整体外部抠像旁边再创建一组IBK抠像节点，如图8-162所示。整体抠像时要考虑全局，当前只是对头发进行抠像，所以调节IBKColour节点的参数时，可以只考虑让头发附近的区域符合要求。

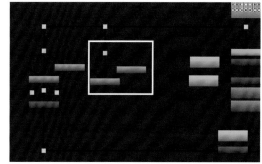

图8-162

例如针对头发上部分进行抠像，图8-163所示的效果要好于图8-164所示的效果，发丝附近的区域更符合要求（要保留的是黑色，要去掉的都显示出来）。如果进行整体抠像，则需要使用图8-164所示的素材。

图8-163   图8-164

经过测试，之前的参数设置是比较理想的状态，此处IBKColour节点的darks和lights参数保持之前的值不变，将patch black参数值修改为20，因为只对发丝附近进行抠像，所以不需要使用很大的参数值将人物附近都填充为绿色，即在范围足够的前提下，参数值越小抠像越干净。IBKColour节点的参数设置如图8-165所示。

| size 1 | lights 1 | 1.3 | 0.9 | patch black 20 |

图8-165

用新的抠像结果替换整体外部抠像的发丝区域

01 断开下方的节点线，方便观察，如图8-166所示。

02 替换分区。创建Keymix节点，输入线B连接整体抠像结果，输入线A连接发丝抠像结果，输入线mask连接Roto节点，如图8-167所示，绘制出发丝区域的通道。

03 用之前断开的节点线连接Keymix节点，在Roto节点下方添加Blur节点，如图8-168所示，让过渡柔和。

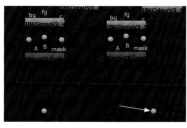 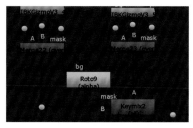 

图8-166   图8-167   图8-168

04 在指定位置插入节点。新建Keymix节点，将Keymix节点拖曳到节点线上需要放置的位置，松开鼠标后它会自动连接好B输入线，如图8-169所示。

05 连接替换画面和替换范围的mask通道。输入线A连接发丝抠像结果，输入线mask连接Roto节点，用Roto节点绘制出需要替换范围的通道，最后添加Blur节点，如图8-170所示。

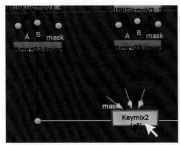
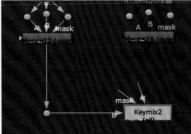
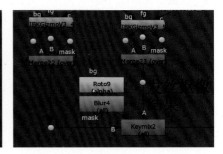

图8-169　　　　　　　　　　　　　　　　图8-170

> **技巧提示** 可以使用骨骼节点或Backdrop节点，输入文字进行备注，为分区做好标记。这样在分区多了后，也能一眼找到需要调节的节点。

06 为Roto图形制作关键帧动画，让Roto图形在所有帧中都能跟随发丝运动，如图8-171所示。

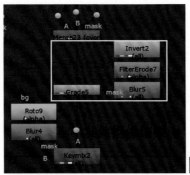

> **技巧提示** 到这里只是完成了分区抠像，虽然针对头发进行抠像优化了抠像节点的参数，但是黑边问题还存在，接下来就需要进行修边操作。

图8-171

首选方案是用"反向调色（边缘调色）"方法解决黑边问题

01 创建并连接反向调色的核心节点和两个常用的辅助节点。注意节点参数的调节顺序，先将Grade节点的gain参数值设置到最大，以便观察范围边界的位置，然后调节FilterErode节点控制范围，范围合适后继续精确调节gain参数。节点的连接和gain参数值如图8-172所示。

02 可以发现边界范围不够，如图8-173所示。设置FilterErode节点的size参数值为-4，即扩大4个像素，但过渡的边界太锐利，可以考虑增大Blur节点的size参数值，笔者建议设置为9。

图8-172　　　　　　　　　　　　　图8-173

03 范围合适后重新调节Grade参数，找到合适的亮度数值，可以优先增大lift参数值。增大后发现整个分区范围都被提亮了，如图8-174所示。根据需要调整Grade参数，画面效果和参考参数值如图8-175所示。

图8-174　　　　　　　　　　　　　图8-175

3.处理脸部黑边

观察一下，分析为什么脸部会有黑边，如图8-176和图8-177所示。在观察抠像通道时发现，右侧脸部附近不够干净，应该是整体抠像时IBKColour节点的patch black参数值过大，导致褶皱区域没有被完全剪掉而有颜色残留。可以按照处理发丝的思路减小扩充参数值，试一下能否去掉或改善黑边。

图8-176　　　　　　　　　　图8-177

01 复制发丝分区的IBK抠像节点，进行分区域抠像节点的连接。在上个分区的哪个位置添加新的分区，就在上个分区的抠像节点的对应位置连接节点，这里是右侧，如图8-178所示。

02 将IBKColour节点的patch black参数值设置为15，足够覆盖右脸附近的外边缘区域。检查抠像结果的通道，右脸外边缘区域比之前干净了很多，但脸部有半透明问题，即通道中有一些区域不是白色，如图8-179所示。

> **技巧提示** 思路是优先在节点内部解决问题，但是当前问题有两个。第1个是黑边，可以减小权重参数值；第2个是半透明，需要增大权重参数值。这样就没法兼顾，所以只能先保持不变，尝试调整其他参数。

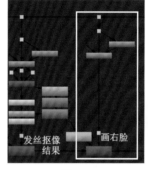

图8-178　　　　　　　　　　图8-179

03 勾选luminace match（亮度匹配），如图8-180所示。观察alpha通道，半透明明显得到了改善，一些特别的透明区域被修复。观察结果，黑边问题更明显，之前的黑边是断断续续的，但勾选luminace match后黑边更均匀，这样均匀的黑边更有利于修复。勾选前后的对比效果如图8-181和图8-182所示。

图8-180

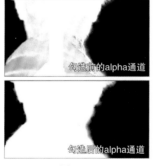

图8-181　　　　　　　　图8-182

04 现在黑边问题已经很严重了，可以考虑"放弃治疗"，全力解决半透明问题，即增大权重参数值，如图8-183所示。对比原始素材发现，黑边范围大于原始画面的边缘范围，可以选择缩小一圈边缘，裁切掉一部分黑边，如图8-184所示。

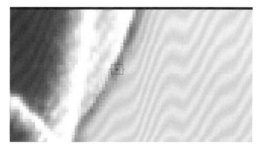

图8-183　　　　　　　　图8-184

05 减小1像素的边缘和原始素材的边缘完全对应，如图8-185所示。接下来使用反向调色法处理黑边，注意不用多次添加Premult节点，可以在结尾添加一个Premult节点，如图8-186所示。

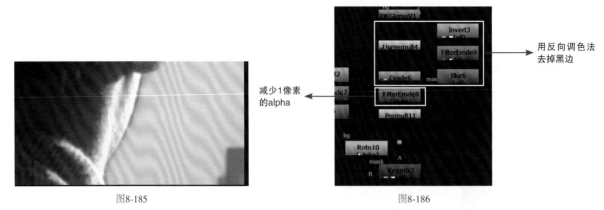

图8-185　　　　　　　　　　　　　　　　　　图8-186

06 下面调整节点参数。建议设置FilterErode节点的参数值为-3，设置Blur节点的参数值为2。使用Grade节点调节颜色，使颜色偏向皮肤的颜色，参数设置如图8-187所示，修复效果如图8-188所示。

07 使用做假边的方法修复左脸黑边，复制一组IBK抠像节点，如图8-189所示。因为做假边的第1步是去掉黑边，所以创建FilterErode和Premult节点，节点的连接如图8-190所示。

图8-187

图8-188

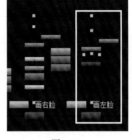

图8-189

图8-190

08 观察画面，调节参数。暂定将FilterErode节点的参数值设置为2，这时候基本看不到黑边了，如图8-191所示。继续连接其他需要的节点，如图8-192所示。

09 当前画面中还是有黑边存在，说明假边亮度不够或者缩边不够，先尝试增加假边亮度；对于内部画面和假边衔接位置过渡生硬的问题，可以添加一个EdgeBlur（边缘模糊）节点解决。在外部假边下方（Unpremult节点下方、Merge节点的B输入线上）添加Grade节点，控制假边亮度；在内部画面下方（Premult节点下方、Merge节点的A输入线上）添加EdgeBlur节点，如图8-193所示。

图8-191

图8-192

图8-193

技巧提示 EdgeBlur节点使用默认参数值3，Grade的参数设置如图8-194所示，最终效果如图8-195所示。

图8-194　　　　　　　　图8-195

8.4.6 最终质量检查

　　下面要进行整体检查，没有问题后就可以打开F_ReGrain节点。当前案例还有很多可以深入调节的地方，读者可以自行安排。下面分4个步骤进行检查。

第1步： 逐帧检查每个画面，对比合成结果和原始素材，对比每个边缘范围是否准确，检查有无黑边等问题存在。

第2步： 逐帧检查抠像结果，检查抠像结果的alpha通道内部是否有漏洞，外部远离边缘的区域是否有多余颜色残留。

第3步： 播放画面，观察边缘是否有闪烁等问题，有没有抠像痕迹。

第4步： 检查合成效果，确认噪点是否匹配、背景是否匹配。

最终工程节点的连接效果如图8-196所示。本案例使用的是背景抠像方式，即抠像时提供背景，所以要带着背景检查合成结果。

本案例可以接受通道中边缘附近有一些颜色残留，如发丝附近，只要在叠加背景后看起来正常即可。但也要注意不能过于粗糙，要让alpha通道尽可能干净，如图8-197所示。

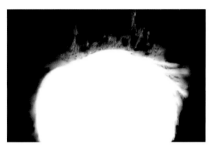

图8-196 图8-197

本架构也可以用于通道抠像，将内部抠像结果和外部抠像结果叠加在一起后，使用Copy节点获取alpha通道，如图8-198所示。因为只使用alpha通道，所以不需要在抠像节点上进行边缘融合的修和调色操作，只要通道范围卡准即可，在最终的Copy节点后考虑边缘融合问题。通道抠像不适合使用IBK抠像节点，因为IBK抠像节点的特点是细节保留丰富。通道抠像的alpha通道看起来不够干净，这些问题可以在后面的工作中解决。

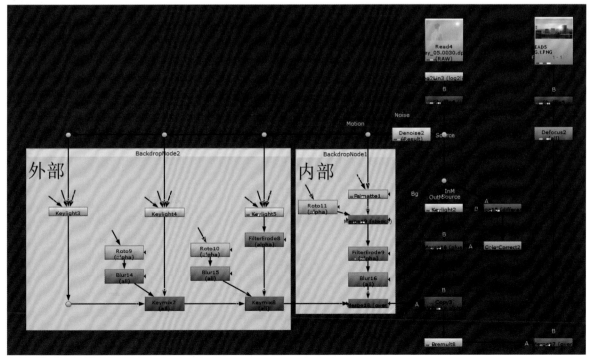

图8-198

通道抠图可以在还没有背景时就开始进行, 检查时主要查看抠像完成后的alpha通道, 要求范围卡准, 通道绝对干净, 外侧没有颜色残留, 如图8-199所示。

图8-199

8.5 高级跟踪

前面已经介绍过了合成中的跟踪技法, 对于特效合成来说, 还有一些更高级的跟踪技法, 这些都在读者学习前面所有知识后才能掌握。本节将拓展介绍三维跟踪、三维投射和矢量跟踪, 有需要和有兴趣的读者可以学习。

8.5.1 三维跟踪

三维跟踪即三维摄像机跟踪 (摄像机反求)。在Nuke中, 可以通过对镜头运动进行分析, 还原出拍摄时摄像机的运动轨迹, 生成一个带有运动关键帧的摄像机节点。三维跟踪使用的工具为CameraTracker (摄像机跟踪) 节点, 如图8-200所示。

01 设置跟踪点。使用Tracker节点时需要手动逐个添加跟踪点, 然后调节其位置。而使用CameraTracker节点只需要设置Number of Features (跟踪点总数量) 参数即可, 默认值为150, 如图8-201所示。这里可以将其设置大一点, 以获取更多运动信息, 例如设置成500。

图8-200

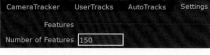

图8-201

02 计算跟踪。在CameraTracker选项卡中单击Track按钮, Nuke会自动计算, 如图8-202所示, 计算后可以看到满屏幕的跟踪点, 如图8-203所示。

图8-202

图8-203

03 反求计算。单击Solve按钮, 生成摄像机运动轨迹, 如图8-204所示。

图8-204

技巧提示 CameraTracker节点会在画面中自动寻找合适位置并创建跟踪点, 然后从这些跟踪点的信息中自动筛选出准确度高的跟踪信息, 计算出镜头运动。其中显示为绿色的跟踪点是准确度比较高的信息点, 这些点会参与反求计算; 橘色的跟踪点是准确度偏低的信息点，这些点不参与反求计算；红色的跟踪点的准确度极低，计算时会被忽略掉。

跟踪点的选择原则是宁缺毋滥，避免有太多干扰信息。所以在第1步可以多设置一些跟踪点，然后再删除不准确的跟踪点，筛选出优质、准确的跟踪点，用来反求计算信息。

04 手动删除不准确的跟踪点。进入Auto Tracks选项卡，其中会显示计算结果的参数信息，如图8-205所示。

图8-205

> **技巧提示** track len表示有效跟踪点的跟踪长度，后面为属性，例如min表示最小。跟踪点一般不会存在于全部帧中。例如某个跟踪点在前10帧准确度很高，则会参与计算；在后10帧准确度不高或被其他物体遮挡，则这个跟踪点就会自动被关闭。通常存在时间越长，这个跟踪点的准确度就会越高，只存在几帧的跟踪点可能会干扰结果的准确度。track len可以用于将小于存在多少帧的跟踪点排除掉。

曲线基本都有同样的功能，从不同级别显示这些跟踪点的质量信息，可以筛选出不够好的跟踪点并排除掉。这里介绍一个比较适合初学者的调节方式。

在左侧选中后3项的曲线名称，稍微减小Max Track Error 和Min Length参数值，如果每个跟踪点都有一个准确度的评分，那么调节这两个参数就相当于设置及格线。通过Solve Error（准确度）参数可以大概判断整体的准确度，当前准确度为0.79，数值越小，跟踪结果越准确，通常到0.6就是可以接受的状态了。修改及格线后，需要单击下方Delete Unsolved按钮和Delete Rejected按钮，删除不合格的跟踪点，如图8-206所示。

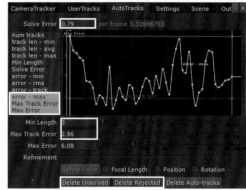

图8-206

05 重新反求计算。删除错误跟踪点后，回到CameraTracker选项卡，需要更新一下反求计算信息，单击Update Solve按钮，弹出对话框，确定需要解算的帧数范围是正确的，单击OK按钮，如图8-207所示。

图8-207

> **技巧提示** 更新之后返回查看Solve Error参数值，如果在0.6及以下就可以使用了。如果没达到，则重复前面的步骤，再次调节及格线，删除不合格跟踪点，更新计算，查看新的准确度。注意，Solve Error参数值只是参考，最终跟踪是否准确，还需要在画面中检查。不要为了追求准确度，将及格线设太高，大部分跟踪点都被删除后，如果剩余可用的运动信息不够，也会影响最终的跟踪效果。

06 生成摄像机节点。准确度达到满意值后将跟踪结果导出成摄像机节点。在CameraTracker选项卡下方单击Create按钮，因为创建默认处于关联状态，所以可以取消勾选Link output，这样就得到了带有运动关键帧的摄像机节点了，如图8-208所示。

图8-208

8.5.2 三维投射

投射技术是比较常用的摄像机给图像制作运动的技术。其原理类似于生活中的投影仪，假设摄像机是虚拟三维空间中的一台投影仪，要想看到画面，还需要在虚拟三维空间中放置一个幕布或者墙面，让投影仪将图像投在幕布或墙面上。现在的节点情况如图8-209所示。另外，投射技术需要固定的6个模块，也就是需要6个节点，下面依次进行解析。

图8-209

图像: 需要显示的画面,也就是需要做运动的画面,如图8-210所示。

幕布/墙面: 这里指的是模型节点,常用的是三维面片模型Card节点,如图8-211所示;Card模型在三维空间中是一个面片,刚好可以当作幕布/墙面,如图8-212所示。

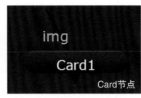
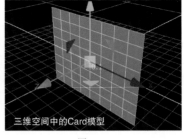

图8-210　　　　　图8-211　　　　　图8-212

摄像机: 带有镜头运动信息的Camera(摄像机)节点如图8-213所示。摄像机跟踪就是Card模型和图像在三维空间中固定,摄像机带有运动信息,这样在最终画面上看起来就有运动了。

投射节点: Project3D节点负责连接图像、摄像机、Card模型,让3个模块产生投射效果。cam输入线连接摄像机,另一条没有名字的输入线连接图像,输入线连接Card模型,如图8-214所示。

渲染节点: 三维空间中的画面是没法直接显示的,需要使用专门的转换节点,即使用ScanlineRender(扫描线渲染器)节点将三维空间中的画面转换成普通二维画面,obj输入线连接Card模型,cam输入线连接摄像机,bg输入线通常不需要连接,如图8-215所示。

图8-213　　　　　图8-214　　　　　图8-215

基础帧设置: 投射中使用FrameHold节点控制基础帧参数,它连接在Project3D节点和Camera节点之间,注意上下级关系。Project3D节点的cam输入线连接FrameHold节点,FrameHold节点的输入线连接Camera节点,也就是Project3D节点获取的摄像机信息要经过基础帧冻结,变成单帧信息。

到这里,6个节点就全部连接完成了,它们的连接方式都是固定的,读者熟悉一下连接方式即可,如图8-216所示。连接完成后需要设置节点参数。

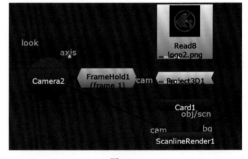

图8-216

01 检查Card模型的位置,选中Card节点,按1键连接Viewer节点,此时会自动跳转到3D(三维)视图,如图8-217所示。

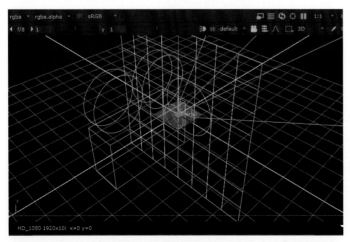

图8-217

技巧提示 下面介绍三维视图的操作。滚动鼠标滚轮可以进行纵深远近缩放,按住鼠标滚轮可以移动平面,按住Ctrl键拖曳可以旋转视图。

现在可以看到Card模型和摄像机,旋转视图可以发现,当前Card模型距离摄像机太近了,已经在镜头之后,如图8-218所示,投影仪时需要和幕布/墙面有一定的距离。

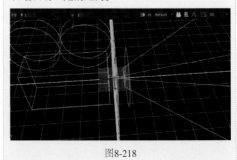

图8-218

02 摄像机的运动是我们计算出来的，不可以改变它的位置，所以调节幕布位置需要改变Card模型的参数，从上到下依次为translate参数、rotate参数、scale参数和uniform scale（整体缩放）参数，如图8-219所示。这里需要调节translate参数的z参数，让Card模型移动到摄像机前，可以看到在Card模型上有了图像画面，如图8-220所示。

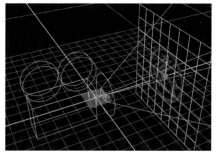

图8-219 图8-220

03 三维视图中有了画面后，需要将Viewer节点连接到合成的结果节点上（最后一个节点上），然后切换回二维视图，即在视图窗口右侧下拉列表中将3D改为2D，如图8-221所示。

04 将跟踪的结果画面叠加在背景上，检查跟踪是否准确，如图8-222所示。接下来可以观看二维画面，再次调节图像在背景中的位置。

图8-221 图8-222

05 在投射图像之前添加Transform节点，改变图像大小和位置。因为图像的尺寸是600×600，与背景尺寸（工程尺寸）不同，所以建议在图像下添加Reformat节点，如图8-223所示。

06 Reformat节点会默认根据工程尺寸缩放画面，这样会破坏画面的原始大小和位置。这里想修改画框尺寸，以与工程尺寸一样，需要设置resize type参数为none（不自动缩放），取消勾选center，如图8-224所示。这样相当于只修改画框尺寸，匹配工程设置的参数，不对画面做任何改变。

图8-223 图8-224

> **技巧提示** 这里注意Card模型的scale参数改的是幕布/墙面大小，和投影仪放映出的画面大小没有关系，要求幕布/墙面要足够大，不然画面就会不完整，可以参考下列3个步骤。
>
> 第1步：调节Card模型，只需要让投射结果有图像显示。
>
> 第2步：在二维视图中设置好图像的大小和位置。
>
> 第3步：播放检查，查看运动是否准确。
>
> 可能会有3个结果。
>
> 第1个：大部分都会直接得到准确的结果。
>
> 第2个：图像的运动速度比镜头的运动速度慢，说明Card模型放置过远，重新调节Card模型的位置。
>
> 第3个：图像的运动速度比镜头的运动速度快，说明Card模型放置过近，重新调节Card模型的位置。

07 因为真实的三维空间中远处的物体看起来运动得更慢，近处物体运动得更快，所以可以以此为依据来判断位置是否合适。笔者根据图像在背景中的不同位置给出了远近距离参考，如图8-225和图8-226所示。

图8-225 图8-226

技术专题：严谨的扩展方法

这是比较简单的判断位置的方法，比较适合新手使用。还有另一种更直观、更严谨，但是操作相对复杂一些的方法。

（1）找到之前的CameraTracker节点，如图8-227所示。按住Ctrl键并双击该节点，会单独弹出CameraTracker节点的属性面板窗口，如图8-228所示。

图8-227 图8-228

（2）双击Card节点，按1键连接Viewer节点，进入三维视图，这时候因为CameraTracker节点的属性面板处于开启状态，所以可以看到CameraTracker节点散布在三维空间中的小点，如图8-229所示。

（3）这些带有颜色信息的小点叫作点云，这些点云会粗糙地描绘出背景在三维空间中的样子。仔细观察点云，粗略判断出空间位置，然后调节Card模型，将它放在合适的位置上，调节后返回二维视图，显示最终结果的节点并检查运动，完成三维投射，如图8-230所示。

图8-229 图8-230

8.5.3 矢量跟踪

本小节主要介绍矢量跟踪的操作技法，这个环节会用到SmartVector节点。SmartVector节点用于获得画面中每个像素的运动信息，如果画面有扭曲变形也会被记录下来，将这个运动信息给其他图像，以贴合跟随背景画面运动。

1.SmartVector节点跟踪应用

这个节点适合用于软表面的跟踪，如皮肤、褶皱等。跟踪都是分为两个部分——获得运动信息和使用运动信息，而SmartVector节点只负责获得运动信息。

获得运动信息

将SmartVector节点连接给素材，如图8-231所示，然后不进行任何操作，这样就获取了运动信息。

使用运动信息

使用运动信息时有多个节点可以选择，常用的是VectorDistort（变形）节点，如图8-232所示。

图8-231 图8-232

01 连接节点。SmartVector节点的Source输入线连接需要做运动的素材，VectorDistort节点的SmartVector输入线连接SmartVector节点，如图8-233所示。设置基础帧，即修改VectorDistort节点中的Reference Frame参数，素材一共有22帧，可以找一个靠近中间的帧，例如把第10帧作为基础帧，如图8-234所示。

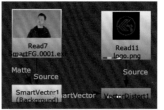

图8-233　　　　　　　图8-234

02 叠加背景。显示VectorDistort节点的画面，可以看到跟踪的结果，将它叠加到背景上检查运动。创建Merge节点，A输入线连接跟踪结果，B输入线连接背景素材，如图8-235所示。

图8-235

03 调节位置。在跟踪之前添加Transform节点来调节位置，例如将图像放在面部，如图8-236所示。这时播放合成结果，可以看到图像已经完全和面部皮肤贴合，还会跟随面部肌肉扭曲变形。

图8-236

2.SmartVector节点使用技巧

SmartVector节点只有一个常用参数Vector Detail，增大数值可以增加准确度，使用时需要测试一下，有时保持默认参数值即可，如图8-237所示。

图8-237

使用SmartVector节点记录每个像素的运动信息是比较消耗软件资源的，可以使用预合成的方式将运动信息渲染成.exr格式的序列文件。

01 将Viewer节点连接到SmartVector节点上时是看不到画面的，因为运动信息保存在了其他隐藏图层中，如图8-238所示。

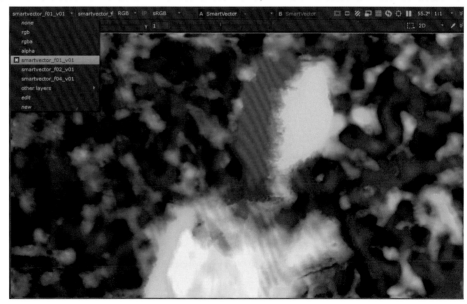

图8-238

02 需要将这个隐藏图层的运动信息输出到序列文件中。单击节点中的Export Write按钮，如图8-239所示，会自动创建一个Write节点。另外，直接按W键也可以输出。

03 因为运动信息在隐藏图层中，所以将channels参数由rgb改为all，将file（格式）参数设置为.exr，如图8-240所示。

图8-239   图8-240

> **技巧提示** 软件读取的是数值，所以如果使用其他格式，如.jpg格式，则颜色会被压缩，数值就不准确了。另外，只有.exr格式的文件才可以保存多个隐藏图层。

04 输出后将序列文件导入工程，VectorDistort节点的SmartVector输入线连接新序列文件，如图8-241所示。VectorDistort节点会自动读取隐藏图层中的颜色数值信息，为其他素材制作运动。

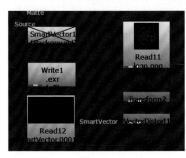

> **技巧提示** 这里说明一下VectorDistort节点的参数。设置默认基础帧时右侧的HoldFrame会处于勾选状态，如图8-242所示，此时只能粘贴单帧图像到画面中，如果需要对视频或者序列进行跟踪，则记得取消勾选HoldFrame。

图8-242

图8-241

8.6 实例：面部擦除

使用SmartVector节点对面部进行擦除处理，擦除疤痕、痘印、皱纹等。有些影视作品在拍摄时需要给演员戴假发套，发际线附近有粘贴痕迹，这种面部擦除非常适合使用SmartVector节点进行跟踪。现在需要擦除额头的黑线，如图8-243所示。素材与节点的连接如图8-244所示。

图8-243   图8-244

01 使用RotoPaint节点擦除额头的黑线，将笔触范围设置为all，节点的连接效果如图8-245所示。效果如图8-246所示。

图8-245   图8-246